荆江河道冲刷下切规律及数值模拟

曹文洪　毛继新　赵慧明　崔占峰　朱玲玲　曾令木　著

中国水利水电出版社
www.waterpub.com.cn

·北京·

内 容 提 要

本书通过实测水文资料及荆江河段深层床沙取样分析，揭示了荆江河段冲刷下切、河床组成、江湖水沙交换等变化规律；研发了荆江河段冲刷下切平面二维数学模型，并将冲刷下切预测的断面变化模拟以及河道床沙调整和江湖水沙交换精细模拟方法集成至江湖河网数学模型，提高了荆江河段冲刷下切发展模拟精度；预测了未来50年荆江河段冲刷下切幅度及其发展过程，并分析了荆江大幅度冲刷下切对河势与岸坡稳定、江湖关系、供水与灌溉的影响，为确定控制荆江冲刷下切工程措施提供技术支撑。

本书可供从事泥沙运动力学、河床演变和河道治理等专业的科研、规划、设计人员及高等院校相关专业的师生参考。

图书在版编目（ＣＩＰ）数据

荆江河道冲刷下切规律及数值模拟 ／ 曹文洪等著
. -- 北京 ： 中国水利水电出版社，2019.12
ISBN 978-7-5170-8337-5

Ⅰ．①荆… Ⅱ．①曹… Ⅲ．①荆江－河道冲刷－研究
Ⅳ．①TV147

中国版本图书馆CIP数据核字(2019)第299776号

书　　　名	**荆江河道冲刷下切规律及数值模拟** JING JIANG HEDAO CHONGSHUA XIAQIE GUILÜ JI SHUZHI MONI
作　　　者	曹文洪　毛继新　赵慧明　崔占峰　朱玲玲　曾令木　著
出 版 发 行	中国水利水电出版社 （北京市海淀区玉渊潭南路 1 号 D 座　100038） 网址：www.waterpub.com.cn E-mail：sales@waterpub.com.cn 电话：(010) 68367658（营销中心）
经　　　售	北京科水图书销售中心（零售） 电话：(010) 88383994、63202643、68545874 全国各地新华书店和相关出版物销售网点
排　　　版	中国水利水电出版社微机排版中心
印　　　刷	清淞永业（天津）印刷有限公司
规　　　格	184mm×260mm　16 开本　12.5 印张　304 千字
版　　　次	2019 年 12 月第 1 版　2019 年 12 月第 1 次印刷
定　　　价	**118.00 元**

前　言

　　三峡工程和长江口综合整治工程是国家重大工程。三峡工程投入运用后荆江河段发生大幅度冲刷，随着上游控制性水库陆续投入运用，荆江河段河道冲刷下切幅度将进一步加大，将对河势稳定、防洪安全、航道畅通、水资源综合利用等产生影响，是关系三峡工程长期安全运行的关键技术问题。为确保三峡工程及长江口综合整治工程长期安全运行和持续发挥综合效益，提升流域防洪安全和供水安全保障水平，"十二五"期间开展了国家科技支撑计划项目"水沙变异条件下荆江与长江口北支河道治理关键技术"研究。本书为该项目课题1"荆江河段河道冲刷下切模拟技术研究"的成果，其研究目标是通过详细调查掌握荆江河段河床组成及边界条件，开展河床物质组成调整粗化的研究，提高二维水沙数学模型对荆江河段冲淤平面分布及冲刷下切幅度的模拟精度；同时开展荆江三口及洞庭湖口与长江水沙交换的精细模拟，提高江湖河网模型对荆江河段冲刷总量的模拟精度；进而将冲刷下切预测的断面变化模拟集成至江湖河网模型形成荆江河段冲刷下切模拟技术，定量模拟荆江河段冲刷下切的发展过程及其影响，为荆江河段抑制河道冲刷下切技术的研究提供可靠的技术手段。

　　经过3年多研究，在荆江河段河床组成深层取样与床面粗化机理研究、江湖复杂水系一维河网水沙数学模型的改进、全荆江河段二维水沙运动和河床演变的数值模拟、河道下切对岸坡稳定、灌溉和供水的影响等方面取得创新成果；并运用二维数学模型预测了公安至柴码头、柴码头至陈家马口、陈家马口至城陵矶等3个河段未来20年（2013—2032年）的冲淤演变趋势，利用完善后的江湖复杂水系一维河网水沙数学模型预测了宜昌至城陵矶河段未来50年（2013—2062年）的冲淤演变趋势。

　　本项目课题由多家科研单位共同承担，参加单位和主要完成人如下：中国水利水电科学研究院：曹文洪、毛继新、王崇浩、关见朝、方春明、赵慧明、耿旭、钟正琴、鲁文、张磊、王大宇、许琳娟、郭传胜、刘大滨、乐茂华、涂洋、王玉海、陈绪坚、胡海华；长江水利委员会长江科学院：崔占峰、张杰、蔺秋生、葛华、王敏、元媛、宫平、黄仁勇；长江水利委员会水文局：熊明、许全喜、朱玲玲、杨云平、彭玉明、袁晶、董炳江、张欧阳；长江勘测规划设计研究有限责任公司：曾令木、汪红英、王罗斌、唐金武、付悦。

本书是在课题研究成果的基础上总结撰写而成，全书分6章。第1章由曹文洪、赵慧明执笔；第2章由曹文洪、朱玲玲、赵慧明执笔；第3章由毛继新、耿旭、朱玲玲执笔；第4章由王崇浩、崔占峰、葛华、关见朝执笔；第5章由关见朝执笔；第6章由曾令木、汪红英执笔。全书由曹文洪审定统稿。

鉴于三峡水库下游荆江河段演变是一个长期过程，现阶段受三峡及上游梯级水库群蓄水影响强烈，冲刷下切影响因素复杂，书中涉及的一些内容仍需深入研究，加之时间仓促和水平所限，书中疏漏和欠妥之处敬请读者批评指正。

作者

2018 年 12 月

目　　录

第1章 绪 论

1.1 荆江简介

  荆江为长江自湖北省枝城段至湖南省岳阳县城陵矶段的别称。荆江以北是古云梦大泽范围，以南是洞庭湖，地势低洼，长江带来的泥沙在此大量沉积。1600 年前的东晋时代开始筑堤防水，围垦云梦大泽，至明代形成北岸荆江大堤。由于泥沙不断沉积，河床已高出两岸平原。目前荆江河道呈西北、东南向，其南岸分布有 3 个分流口，自上而下分别称为松滋口、太平口和藕池口，连接三口洪道（松滋河、虎渡河和藕池河）向洞庭湖分入长江干流的水沙，洞庭湖在纳入湖南四水（湘江、资水、沅江和澧水）的水沙后，经由城陵矶再度汇入长江干流（见图 1.1-1）。荆江河道原长 404km，后来缩短为 347km，宽度一般为 2000m 左右。习惯上以藕池口为界，分为上荆江和下荆江。上荆江（枝城至藕池口）

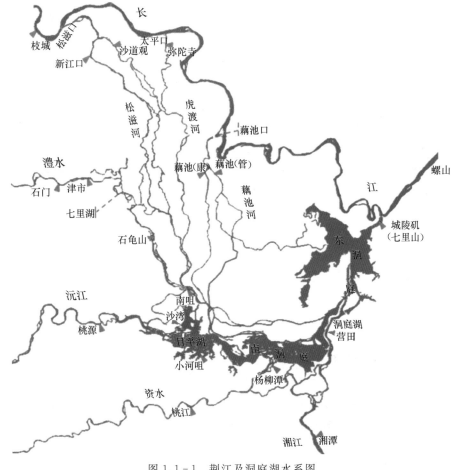

图 1.1-1 荆江及洞庭湖水系图

河长 171.5km，由江口、沙市、郝穴三个北向河弯和洋溪、涴市、公安三个南向河弯以及弯道间的顺直过渡段组成。河道弯曲并呈周期性展宽，其平面变形不大，但汛期主流摆动频繁，局部河段河势不断调整，崩岸现象时有发生；上荆江为典型的微弯分汊型河道，水道分歧，汊江发育，心滩和江心洲较多，在荆江 18 处江心洲中，上荆江即占 16 处，因而水流分散，具有分汊型河床特色，滨江的枝江县名即源于此。下荆江（藕池口至城陵矶）河道长度为 175.7km，而直线距离只有 80km，主要由石首、沙滩子、调关、中洲子、监利、上车湾、荆江门、熊家洲、七弓岭、观音洲共 10 个弯曲段组成，江流在这里绕了 16 个大弯，素有"九曲回肠"之称，属典型的蜿蜒型河道。下荆江自由河曲极为发育，横向摆幅达 20~40km，河弯曲折率平均为 3，在中国的蜿蜒性河道中居首位。

蜿蜒型河道在水流的作用下，河弯的凹岸不断崩坍，河弯变得更加弯曲。"一弯变，弯弯变"，河道向下游蠕动，河长逐渐增长；河弯继续自由发展就形成几乎对穿的河环，河环狭窄处一旦被洪水冲穿，便发生自然裁弯，河长就迅即缩短。如此周而复始，交替出现，河床就很难稳定下来。据统计，下荆江自 20 世纪初以来，曾发生过十余起自然裁弯。1972 年的石首县沙滩子自然裁弯发生后，江水从河曲颈部通过，成为新河，老河道上下口门淤塞，形成牛轭湖。下荆江两岸分布了许多牛轭湖，如尺八口、月亮湖、大公湖、西湖、沙滩子等，正是荆江古河道的残迹。

太过弯曲的河道，不仅徒然增长了航程，而且由于弯道内流速减小，容易淤积成沙洲浅滩，阻碍航行；同时，也降低了洪水下泄的能力，容易造成洪水壅塞，引起堤防溃口。因此，进行人工裁弯，顺直河道，实为必要。1967 年、1969 年水利工作者成功地在下荆江进行了中洲子和上车湾人工裁弯工程和一处天然裁弯，在稳定河势、防洪和航运方面取得了显著的效益。近年来，长期摇摆不定的中洲子、上车弯河段，已渐渐稳定下来，下荆江的行洪能力，也由于弯道的减少而提高，大大减轻了洪水对荆江大堤的威胁，下荆江的河道也因之缩短了 80km。

三峡工程修建前，荆江河床冲淤变化频繁。1966—1980 年在下荆江裁弯期及裁弯后，荆江河床一直呈持续冲刷状态，累计冲刷泥沙 7.09 亿 m^3；1981 年葛洲坝水利枢纽建成后，荆江河床继续冲刷，1980—1987 年冲刷泥沙 0.97 亿 m^3；此后荆江河段表现为上荆江冲刷、下荆江淤积，冲淤强度减小，至三峡工程运用前（1987—2001 年）荆江累计淤积 1.15 亿 m^3。

三峡水库蓄水后荆江河段总体表现为"滩槽均冲"，自 2002 年 10 月至 2015 年 10 月间，平滩河槽总冲刷量为 8.31 亿 m^3，年均冲刷量 0.64 亿 m^3，冲刷强度大于下荆江裁弯期及裁弯后 1966—1980 年。

1.2 荆江河段治理研究综述

荆江河段的治理是长江治理中难点问题，长期以来开展了大量的研究工作，在原型实测资料分析、数学模型计算和实体模型试验等方面取得了丰硕成果。但鉴于长江河道边界条件的多样性和其演变的复杂性以及荆江河段冲刷下切牵涉到复杂的江湖关系，仍需要在冲刷下切定量模拟技术、河道冲刷下切综合效应评估以及冲刷下切的抑制技术等方面开展深入研究。

1.2.1　长江中下游河道冲刷演变相关研究成果

自从 20 世纪 50 年代国内相关单位开展了长江中下游河道特性、河道治理、下荆江系统裁弯工程以及三峡工程对江湖演变影响等问题研究。20 世纪 60 年代末至 80 年代初，对葛洲坝水利枢纽泥沙问题进行了大规模的研究，为三峡工程的泥沙研究积累了可贵的经验。20 世纪 80 年代以来，对三峡工程蓄水运用后长江中下游江湖水沙变化、河道冲淤演变、河势控制、防洪形势和对策等一系列问题进行了深入的研究。在"七五"期间，进行了"三峡枢纽下游河床冲刷对防洪航运影响初步研究"；"八五"期间，进行了"三峡工程下游河道演变及重点河段整治研究"；"九五"期间，进行了"三峡工程运用不同时段拦沙泄水对下游河道冲淤与河势影响及对策研究""下荆江河势控制工程可行性研究及初步设计""长江崩岸机理及防治研究"以及"长江中下游水下护岸工程关键技术研究"等；"十五"期间主要针对三峡工程建成后长江中下游河道演变以及综合防洪调度运行和对策进行了初步研究。在"十一五"期间，主要就三峡工程运用后面临的一系列重大问题，开展了国家科技支撑计划项目"三峡工程运用后泥沙与防洪关键技术研究"，共分"三峡水库上游来水来沙变化趋势研究""三峡水库泥沙淤积及其影响与对策研究""三峡工程运用后初期长江中下游干流河道响应过程及江湖关系变化研究""三峡工程运用后对长江中下游防洪的影响研究""三峡工程运用后长江中下游防洪对策研究"等课题研究。通过类比下荆江裁弯工程和葛洲坝水利枢纽工程建成后宜昌至城陵矶河段河道演变、荆江与洞庭湖关系的变化及其对城陵矶至武汉河段的影响，以及汉江丹江口水库修建后坝下游河道演变实例的对比分析，并结合水流泥沙数学模型模拟计算及实体模型试验，研究了三峡工程建成后长江中下游河道的演变趋势。得出了三峡建坝后，坝下游河道四五十年内河床将发生长距离冲刷，同流量下水位下降；宜昌至江口镇河段两岸为低山丘陵阶地，河床由沙、卵石组成，对河床冲刷有控制作用；江口镇以下沙质覆盖层增厚，可冲深度较大，水位将有明显降低，冲刷范围可能发展到武汉以下，对防洪、航运、给水等有不同程度的影响；三峡水库下游河道由于流量过程调平，下泄沙量减少，河势将进行调整等重要研究结论。

1.2.2　抑制河道冲刷下切研究及工程实例

在三峡工程第八个单项技术设计第一阶段、第二阶段工作中，国内相关单位为解决三峡工程蓄水运用后葛洲坝下游河道下切带来的影响，对抑制河道冲刷下切的主要措施（即护底加糙工程和潜坝工程方案）开展了研究工作。自 2004 年起，以研究成果为依据，先后在葛洲坝下游以卵石夹沙为主要组成的胭脂坝河段实施了六期护底加糙生产性试验工程。观测资料显示，胭脂坝河段护底工程实施后，较好地抑制了河床冲刷下切，有利于减缓上游宜昌站枯水位的下降。2002—2005 年期间，国内相关单位在长江下游镇扬河段以沙质为主要组成的和畅洲汊道段，成功实施了水下潜坝工程，该工程迄今为止运行良好，达到了抑制汊道冲刷发展的预期整治目标。国外河流坝下游冲刷现象与抑制下切措施也有相关经验可以借鉴。欧洲莱茵河因主支流上修建水库拦截泥沙以及渠化工程的影响，伊费茨海姆堰下游河道冲刷下切严重，水位下降剧烈，航道条件明显恶化，为此德国政府采取了关键部位护底及向河道内补充河床砾石，以抑制河道冲刷下切，改善航道条件。非洲尼罗河阿斯旺大坝修建后，坝下游河床平均下切深度仅 0.25m，远低于建坝前预测的 3～8.5m；就大坝下游河道冲刷明显偏小的原因，除了坝下游流量过程坦化、冲刷动力有所减弱外，阿斯旺大坝下游四个拦水坝也发挥了重要的作用。以上情况表明，护底以形成抗冲覆盖层、修筑坝堰以重新分配纵比降，及人工补给泥沙塑造新的平衡等，是国外抑制河道冲刷下切采取的主要措施，可供荆江河段冲刷下切治理研究参考借鉴。

1.2.3　水沙变异条件下荆江冲刷下切治理研究的关键问题

荆江河段弯道多变、三口分流、江湖顶托，河道演变复杂，影响因素众多，对水沙变化及人类活动敏感，三峡工程运用后荆江河道治理与区域经济社会的可持续发展密切相关。

三峡工程投入运用后荆江河段发生大幅度冲刷，随着上游控制性水库陆续投入运用，上游来沙明显减少，荆江河段河道冲刷下切幅度进一步加大，引起河道岸坡、中枯水位及江湖关系的变化响应，将对河势稳定、防洪安全、航道畅通、水资源综合利用等产生不利影响，荆江河段河道冲刷下切趋势及其影响问题引起了社会广泛关注，荆江河段河道冲刷下切模拟技术也是三峡工程长期安全运行和长江河道治理的关键技术问题之一。

荆江河段冲刷下切治理研究的主要技术难点和关键问题有如下几个方面：

（1）长江上游水沙变异与荆江河段河床冲刷下切的响应机理。影响荆江河段冲淤演变的因素众多，其特点是时空尺度差异大，有比降、河型等大尺度因素，也有床沙起动、粗化等颗粒级别的小尺度因素。各种河床演变因素与上游水沙变异的响应特点不同，揭示长江上游水沙变异与荆江河段河床冲刷下切的响应机理是荆江河段冲刷下切治理研究的技术难点之一。

（2）长江中游江湖冲淤变化数学模型技术的改进和完善。长江中游河道形态变化复杂，江湖联通顶托。长江中游河湖冲淤变化数学模型涉及一维模型、二维模型和河网模型，解决长江中游江湖冲淤复杂变化数值模拟的关键技术问题，提高模拟精度，是荆江河段冲刷下切治理研究的技术难点之二。

（3）荆江不同典型河段冲刷下切的发展趋势。荆江河段河道形态变化复杂，上荆江为微弯分汊型河道，洲滩汊道多，下荆江属蜿蜒型河道，河道蜿蜒曲折，找出不同典型河段抑制河床侵蚀下切的关键节点，预测荆江不同典型河段冲刷下切的发展趋势，是荆江河段冲刷下切治理研究的技术难点之三。

尽管目前荆江河段已实施的河道整治工程取得了稳定总体河势和抑制河道横向摆动的成效，但鉴于荆江河段河道冲刷下切及其对防洪、河势、供水、灌溉等影响，需拓展荆江河段河道治理思路，提升长江中游江湖冲淤模拟技术，深入研究水沙变异条件下河道冲刷下切的新变化。在中下游河道横向变化已基本得到有效控制的基础上，抓住荆江河段冲刷下切处于初期且可以抑制的有利时机，研究提出三峡及上游控制性水库运用后抑制荆江河段冲刷下切的可行对策，以保障中下游河道防洪安全、河势稳定、供水安全等，为后续河道治理工作及长江中下游两岸经济社会可持续发展创造有利条件，是十分必要的。

第2章 水沙变异条件下荆江河段河道冲刷下切规律

上游来沙大幅减少和三峡工程蓄水拦沙作用，已经引起长江中下游干流河道发生了不同程度的冲刷调整。随着长江上游向家坝、溪洛渡等控制性水库的陆续投入运用，中下游干流河道将长期处于冲刷下切调整的态势，荆江河段河床大幅度冲刷下切及枯水位下降将对河势稳定、防洪安全、水资源综合利用等产生影响。

本章根据实测资料，对比三峡水库蓄水前后荆江河段控制水文站径流及泥沙输移量年际、年内变化，水库调蓄作用下流量过程的变化，泥沙组成沿程变化等，掌握三峡水库蓄水后荆江河段水沙变异特性；利用三峡水库运用以来荆江河段水文泥沙及地形等原型观测资料，分析荆江河段河道冲淤量及时空分布、冲淤引起的河道形态变化等；给出不同时期荆江河段枯水位下降特征及极值点的变化规律，分析沿程枯水位下降特征及其与河床冲刷强度的对应关系；根据三峡水库运用以来三口分流分沙量的年际年内变化、典型洪水过程三口分流分沙比变化、不同流量级下三口分流变化、三口年断流时间的变化、三口洪道和洞庭湖的冲淤变化，分析江湖关系的新变化。

2.1 荆江河段水沙变异特性

2.1.1 径流量和输沙量变化

荆江河段上起枝城，下迄城陵矶，进口有枝城水文站。枝城测站变更较为频繁，1951年为水文站，1961年变更为水位站，1991年再次变更为水文站稳定至今；出口城陵矶附近无控制站。因此，荆江河段水沙分析数据包括该河段上、下游的宜昌站、螺山站，及河段内部的枝城站、沙市站和监利站五个测站。

三峡水库蓄水前，荆江河段的枝城、沙市、监利站多年平均径流量分别为4450亿 m^3、3942亿 m^3、3576亿 m^3，多年平均输沙量分别为5.0亿 t、4.34亿 t、3.58亿 t。三峡水库蓄水后，2003—2014年长江中下游各站除监利站水量较蓄水前偏丰2%外，其他各站水量偏枯4%～8%，总体水量变化不大；沙量则大幅度减少，枝城、沙市、监利站多年平均输沙量减幅分别为90%、85%和78%。

2015年宜昌站的年输沙量仅371万 t，仅为2003—2014年均值的8.5%，经宜枝河段河床冲刷补给后，2015年进入荆江河段的泥沙量（枝城站）为568万 t，仅为2003—2014年均值的10.8%（见表2.1-1和图2.1-1）。在径流总量变化不大的情况下，沙量进一步大幅度的减少，势必对荆江河段的河床冲刷及其带来的河道形态调整响应、床沙粗化响应及水力因素等综合响应造成新的影响。

表 2.1－1　　　　长江中下游主要水文站径流量和输沙量与多年平均对比

项　目		宜昌	枝城	沙市	监利	螺山
径流量 /亿 m³	2002 年前	4369	4450	3942	3576	6460
	2003—2014 年	4010	4111	3770	3647	5940
	变化率	−8%	−8%	−4%	2%	−8%
	2014 年	4584	4568	4123	3990	6721
	2015 年	3946	3955	3645	3590	6111
	变化率 1	−10%	−11%	−8%	0%	−5%
	变化率 2	−2%	−4%	−3%	−2%	3%
输沙量 /万 t	2002 年前	49200	50000	43400	35800	40900
	2003—2014 年	4350	5240	6340	7880	9350
	变化率	−91%	−90%	−85%	−78%	−77%
	2014 年	940	1220	2760	5270	7360
	2015 年	371	568	1420	3310	5950
	变化率 1	−99%	−99%	−97%	−91%	−85%
	变化率 2	−91%	−89%	−78%	−58%	−36%

注：变化率 1、变化率 2 分别为与 2002 年前均值、2003—2014 年均值的相对变化。

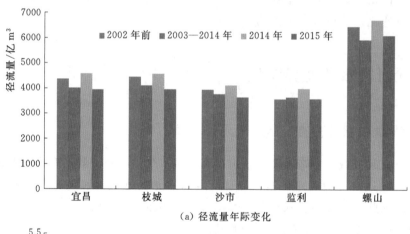

（a）径流量年际变化

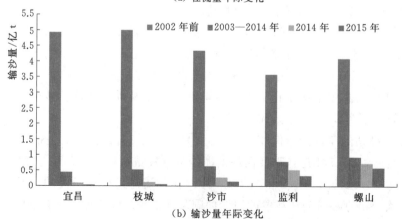

（b）输沙量年际变化

图 2.1－1　荆江河段径流量和输沙量年际变化

相较于三峡水库蓄水后的第一个 10 年，进入第二个 10 年以来，荆江河段水沙变异程度进一步加大。以枝城站作为荆江河段来水来沙的控制站，2014 年，枝城站径流量为 4568 亿 m³，仅次于 2012 年的 4724 亿 m³，径流量均值较 2003—2013 年均值偏大 12.3%；输沙量为 1220 万 t，仅大于 2006 年的 1200 万 t（年径流量 2928 亿 m³）和 2011 年的 975 万 t（年径流量 3583 亿 m³），较 2003—2013 年均值偏小 78.2%（见图 2.1-2）。就三峡水库蓄水以来的坝下游水沙条件来看，该年应属于典型的"大水小沙"年，流量输沙量的相关关系发生了进一步的调整，中、高水同流量下的输沙量出现了明显的下降（见图 2.1-3）。2015 年，宜昌站输沙量仅为 371 万 t，至枝城站年输沙量仅为 568 万 t，进一步表明，随着三峡水库及上游梯级水库的建成运行，三峡水库入库及下泄沙量均大幅度减少。而对于荆江河段的河床冲刷而言，在这样的来水来沙条件，其河床冲刷强度极有可能偏大。

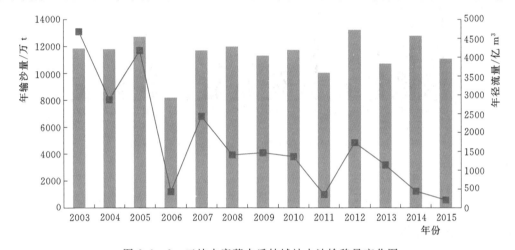

图 2.1-2　三峡水库蓄水后枝城站水沙输移量变化图

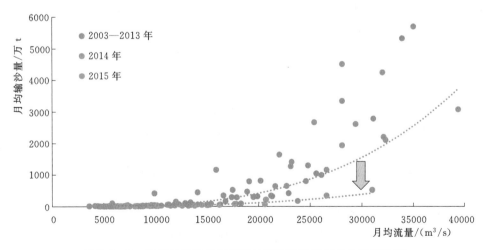

图 2.1-3　三峡水库蓄水后枝城站流量输沙量相关关系变化图

同时，2014 年和 2015 年坝下游的水沙条件还带来了一个重要的启示，坝下游的水沙不匹配程度进一步加大，水量的偏丰而沙量异常偏小的现象更为显著。2015 年枝城站的年均含沙量、汛期（6—8月）平均含沙量、枯水期（12月至次年5月）平均含沙量均为2003—2015年以来的最小值（见图2.1-4）。尤其是汛期，2014年、2015年含沙量均值仅为0.032kg/m³、0.025kg/m³，均较2003—2013年均值0.218kg/m³偏小85%以上。这样的水沙条件与当初预测研究所采用的条件相差甚远，河床因此产生的冲刷调整也会偏离已有的预测成果。

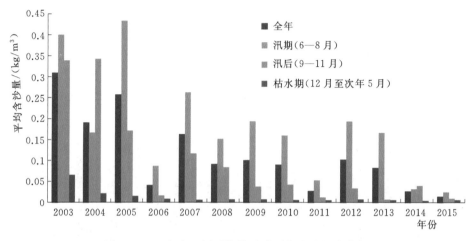

图2.1-4　年内不同时期枝城站平均含沙量变化图

总体上，三峡水库蓄水后，荆江河段径流总量的变异程度较小，而输沙量的变异接近突变的程度，水沙变异的不匹配性应是河床冲刷调整及多方响应的根本原因。

2.1.2　流量和含沙量过程变化

三峡及上游梯级水库群巨大的调蓄及拦沙作用下，最为直接的效应是导致坝下游荆江河段水沙条件重新分配，为了研究这种重分配效应，本书除了对比历史不同时期的月均流量变化情况以外，还选取相同历时的1990—2002年和2003—2015年分别作为三峡水库蓄水前后的样本系列，采用频率计算的方法，对比分析蓄水后长江中下游水沙重分配程度。

2.1.2.1　水量过程性重分配效应

水库群联合调度带来荆江河段流量的过程性重分配。水库枯期补偿调度、汛期削峰调度及汛后蓄水多重调蓄作用下，荆江河段出现枯水增加（宜昌站最小流量超过5600m³/s）、洪峰流量削减（2010年最大入库流量70000m³/s，下泄不超过40000m³/s）、汛后流量减小（9月、10月平均流量减幅超过2000m³/s）等径流年内过程的重分配特征，重分配的结果是年内流量过程的坦化，中水历时延长。

荆江河段的水量基本来自于宜昌以上的干支流，年径流总量呈周期性变化。三峡水库蓄水后2003—2015年坝下游宜昌站年径流量均值与1990—2002年相比偏少约7.0%，三峡库区万县站2003—2015年径流量均值与1990—2002年相比偏少约10.8%，可见，长江中下游河段水量近10多年偏枯主要与长江上游水文周期性偏枯有关。水库的调度运行对于坝下游径流总量的影响极为有限，因此，三峡水库蓄水对坝下游荆江河段水量的影响主要集中在过程，而非总量。

长江中下游流量过程性重分配具有以下三个特征，与水库的调度方式息息相关。①三峡水库蓄水后遭遇了径流偏枯的水文周期，应坝下游河湖生态、库尾河段减淤等要求，对汛前枯水期下游流量进行补偿调度，2003—2015 年荆江河段各控制站 1—5 月径流量均相较于蓄水前各时段同期偏大。②径流偏枯集中体现为汛期流量的减小，沿程各站这一规律基本保持一致，如 2003—2015 年枝城站主汛期（6—9 月）径流量均值相较于 1991—2002 年偏少 267 亿 m³，占年径流偏少总量的 93.3%。三峡水库自 2009 年开始的削峰调度试验也对高水期径流减少有一定影响，2010 年 7 月中旬，出现最大入库流量 70000m³/s，水库防洪运用后下泄流量基本控制在 40000m³/s 以下，拦蓄的洪水通过预泄、加大泄量等方式坦化。③水库进入 175m 试验性蓄水阶段后，年蓄水量增大，汛后 10 月、11 月流量大幅度减少，尤以 10 月减少幅度大，宜昌站 2003—2015 年 10 月平均流量相较于 1991—2002 年减少约 3900m³/s（见图 2.1-5 和表 2.1-2）。

表 2.1-2　　　　　三峡工程运用前后长江中下游控制站月均流量　　　　　单位：m³/s

控制站	时　段	编号	1月	2月	3月	4月	5月	6月	7月	8月	9月	10月	11月	12月	全年平均
宜昌站	1956—1967 年	①	4250	3750	4340	6030	11700	17900	29800	28600	25400	18200	10400	6110	13900
	1968—1980 年	②	4040	3640	4010	6910	12100	18200	26900	24900	25300	18600	9810	5540	13400
	1981—1990 年	③	4310	3910	4400	6650	10800	17800	32200	25900	27900	18600	9680	5770	14100
	1991—2002 年	④	4510	4090	4690	6950	11400	18700	30500	27700	21900	16200	9700	5970	13600
	2003—2015 年	⑤	5410	5280	5760	7480	12000	16800	26900	23300	21700	12300	8910	5940	12700
枝城站	1991—2002 年	①	4580	4280	4800	6900	11500	19000	31300	28100	22100	16300	9540	5840	13800
	2003—2015 年	②	5780	5630	6110	7890	12300	17100	27100	23500	22000	12500	9170	6300	13000
沙市站	1991—2002 年	①	4910	4480	5050	6990	11100	17000	26900	24200	19700	15200	9680	6230	12700
	2003—2015 年	②	5850	5660	6180	7760	11500	15400	23200	20500	19300	11800	8970	6340	11900
监利站	1981—1990 年	①	4500	4100	4620	6680	10300	15300	25700	21300	22700	16500	9780	6070	12300
	1991—2002 年	②	4850	4490	5070	6880	10600	16100	24700	22200	18600	14900	9700	6350	12100
	2003—2015 年	③	5790	5550	6000	7340	11100	14700	24200	20500	18700	11900	9070	6420	11600
螺山站	1956—1967 年	①	6510	6800	9620	15100	25000	27800	37600	32900	30200	23100	15400	9680	20100
	1968—1980 年	②	6410	6660	8300	15000	24700	29100	38000	32000	30300	24800	14900	8270	19900
	1981—1990 年	③	6760	7620	10500	15700	19500	27500	39600	32300	34000	24700	15400	9250	20300
	1991—2002 年	④	8310	8610	11200	15700	22100	29200	43300	37000	29200	22000	14200	9480	21000
	2003—2015 年	⑤	8740	9010	11600	14400	21600	28200	34600	30100	27300	17000	13700	9490	18900

　　统计相同历时的 1990—2002 年和 2003—2015 年荆江河段控制站特定区间流量出现频率的变化如图 2.1-6，以及同频率下的流量变化如表 2.1-3。基本上，除了螺山站低水出现的频率略有增加以外，其他各站低水频率均有较大幅度的减小，宜昌站年内小于 5000m³/s 流量的频率从 22.0% 下降至 10.7%，枝城、沙市监利站年内小于 5000m³/s 流量的频率分别下降了 15.0%、11.9%、11.2%；中水出现的频率一致性增加，宜昌、枝

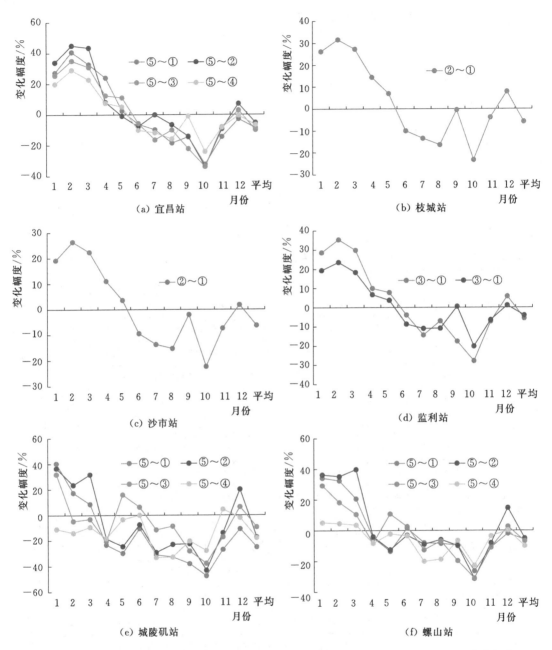

图 2.1-5　荆江河段河湖控制站月均流量（三峡水库蓄水后相对于蓄水前各时段）变化幅度

（图中①～⑤的意义见表 2.1-2）

城、沙市、监利站 5000～10000m³/s 流量的频率分别增大 14.4%、15.8%、14.5%、13.7%，螺山站 10000～15000m³/s 流量的频率增大 4.7%；高水出现的频率减小，整体年内的流量过程是坦化的趋势。同频率下的流量，三峡水库蓄水后相较于蓄水前一致性减小，1% 频率对应的流量绝对减幅最大，沿程各站减少幅度为 4200～13800m³/s，频率越大，流量的绝对减幅越小。

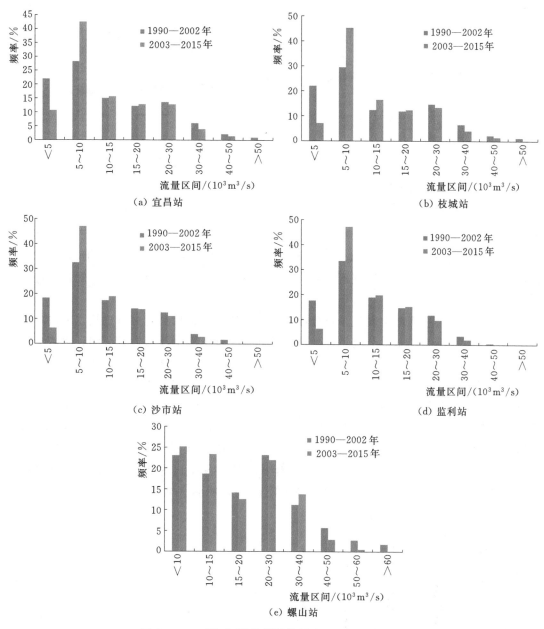

图 2.1-6　荆江河段控制站特征流量区间频率变化

表 2.1-3　　　三峡水库蓄水前、后长江中下游干流同频率流量变化　　　单位：m³/s

控制站	时　段	$P = 1\%$	$P = 5\%$	$P = 10\%$	$P = 20\%$	$P = 50\%$
宜昌	1990—2002 年	49600	35300	28600	21300	10000
	2003—2015 年	42100	30600	25700	19200	9060
枝城	1990—2002 年	51700	35900	29800	22300	9580
	2003—2015 年	41800	30700	26100	19500	9410

控制站	时　段	$P=1\%$	$P=5\%$	$P=10\%$	$P=20\%$	$P=50\%$
沙市	1990—2002 年	41600	30700	25300	19200	9880
	2003—2015 年	35400	25900	22300	17400	9160
监利	1990—2002 年	37200	28300	23400	18300	9820
	2003—2015 年	33000	24800	21100	18300	9040
螺山	1990—2002 年	60500	48100	39300	30700	17800
	2003—2015 年	46700	37900	33700	28800	15500

2.1.2.2　沙量区域性重分配效应

影响某一河段在某一时期来沙量的人为因素是多样的，既有可能产生流域性影响的水土保持工程、水利枢纽工程，也有限于局部影响的采砂、局部河势控制及航道整治等涉水工程。就流域性的影响来看，水土保持工程从源头上控制了泥沙的来量，而水利枢纽工程，尤其是大型工程，则可实现河道内泥沙量重分配。长江中下游泥沙重分配兼有过程性和区域性双重特征。

（1）泥沙总量在区域上发生了重分配。三峡水库蓄水运用后，来自于长江上游的泥沙在水库库区沉积下来，水库分配了绝大部分的泥沙，坝下游荆江河段只分配到少部分的泥沙。2003—2015 年，三峡水库累积入库泥沙量为 21.2 亿 t，累积出库泥沙量为 5.12 亿 t，长江上游输入的泥沙 7 成以上在三峡水库库区沉积下来，仅有 2 成多的泥沙随水流进入宜昌以下河段。荆江河段沙量大幅度减少，2003—2015 年宜昌、枝城、沙市、监利、螺山站年输沙量分别较 1991—2002 年减少 89.7%、87.6%、83.2%、76.1%、71.6%，河床强烈冲刷的泥沙补给作用使得输沙量减幅沿程下降。从径流量-输沙量双累积曲线（1991—2015 年）的变化特征来看，相较于年径流量，各控制站年累积输沙量的增长速度自 2003 年开始显著下降，输沙量累积过程的转折特征明显（见图 2.1-7）。

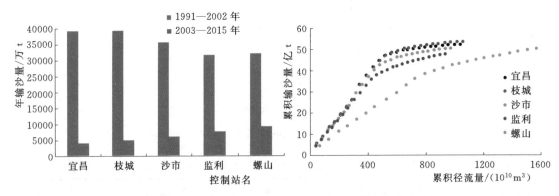

图 2.1-7　长江中游控制站时段年均输沙量及径流量-输沙量双累积曲线变化图（1991—2015 年）

（2）泥沙组成重分配也具有区域性，见图 2.1-8。对于长江中下游紧邻坝下游的河段而言，宜昌站悬移质泥沙细化现象明显，河床剧烈冲刷向水流补充了大量粗颗粒泥沙，下荆江粗颗粒泥沙含量得以较大程度的恢复（$d>0.1\text{mm}$ 颗粒泥沙至监利站恢复约 8 成）。

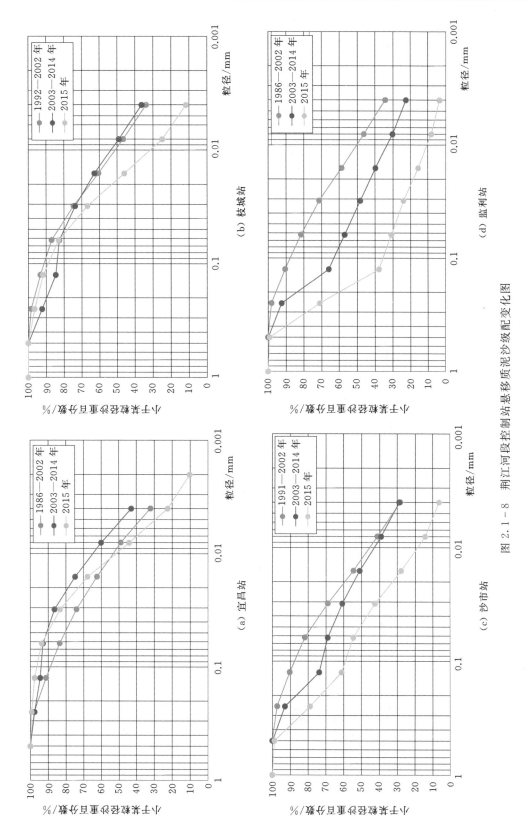

图 2.1-8　荆江河段控制站悬移质泥沙级配变化图

沙量的区域性重分配兼有分组特征在于水库拦沙幅度对于不同粒径级是有区别的，宜昌站大于 0.062mm 颗粒和小于 0.062mm（冲泻质与床沙质分界粒径）颗粒泥沙的减幅有差别，与 1986—2002 年相比，2003—2015 年两组颗粒泥沙年输沙量减幅分别为 95.7％和 89.1％，下游各控制站直径大于 0.062mm 泥沙颗粒绝大部分来自于上游河道河床的补给，输移量与河床补给量密切相关。城陵矶入汇后，荆江和洞庭湖同时向城陵矶以下的干流河道补给泥沙，城螺河段河床冲刷强度相对较小，各组泥沙的输沙水平均小于蓄水前。因此，就细沙而言，三峡水库蓄水后长江中下游河床补给量有限，难以恢复至蓄水前的水平，对于粗颗粒泥沙，河床强冲刷补给效应下能有较大程度的恢复，但仍未达到蓄水前的水平，河床冲刷强度较弱的情况下，粗颗粒泥沙恢复程度也会较弱，总体而言，基本上各粒径组泥沙输移水平均未能达到蓄水前，这与此前有关研究结论一致。

（3）泥沙的过程性重分配体现为汛期输沙占比发生改变，见图 2.1-9。三峡水库采用"蓄清排浑"的调度方式，因此其排沙主要集中在汛期，宜昌站 2003—2015 年汛期 5—10 月输沙量占全年的 98.9％。对比三峡水库蓄水前的 1991—2002 年与蓄水后的 2003—2015 年，荆江上游控制站汛期、7—9 月输沙量占比沿程上减下增，主要表现为砂卵石河段的宜昌、枝城站汛期输沙量占比减小，其主要原因在河床补给作用对于这两个站

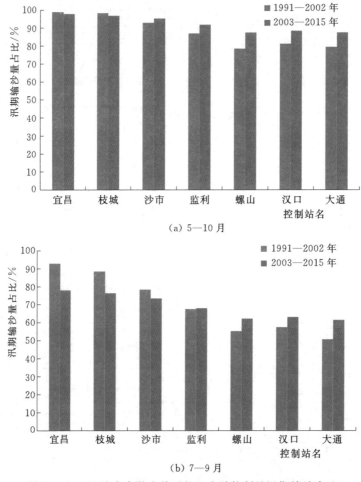

(a) 5—10 月

(b) 7—9 月

图 2.1-9　三峡水库蓄水前后长江中游控制站汛期输沙占比

的泥沙补给是极为有限的（砂卵石普遍粗化成卵石夹砂），同时三峡水库进入 175m 试验性蓄水后，汛期排沙比减小，加大了汛前排沙；至荆江及以下河段，河床强冲刷补给作用以汛期更为突出，使得汛期集中输沙的现象也更为明显，同时 5—10 月恰好是两湖地区的汛期，两湖对螺山以下的河段补给了一定量的泥沙。

2.1.3　悬移质泥沙沿程输移变化

泥沙作为水流造床的物质主体，其沿程输移变化能够反映水流造床作用的强度，因此，研究不同粒径泥沙输移规律对河道变化趋势意义重大。三峡水库蓄水之前，荆江河段总体呈现为冲淤平衡的状态，水流携带的各组泥沙不断地与河床上的泥沙进行着双向交换；三峡水库蓄水后，来沙量骤减使得这一平衡状态被打破，不同粒径组泥沙沿程均出现补给的现象，但补给程度不一，恢复速度也存在差别。下面以荆江河段为对象，分析长江干流泥沙的沿程交换特征。

为了表征不同粒径组泥沙的沿程恢复程度，定义某个河段的泥沙输移比（η_{ij}）按下式进行计算：

$$\eta_{ij} = \frac{Q_{SijO}}{Q_{SijI}} \times 100\% \qquad (2.1-1)$$

式中：Q_{SijO} 为某一河段某组粒径泥沙的输出沙量，万 t；Q_{SijI} 为某一河段某组粒径泥沙的输入沙量，万 t。

其中枝城至沙市河段输出的泥沙考虑了荆江松滋口和太平口分沙量，沙市至监利河段输出的泥沙考虑了荆江藕池口分沙量，监利至螺山河段输入的泥沙考虑了洞庭湖入汇沙量。

三峡水库蓄水后，来沙仍以直径小于 0.062mm 细泥沙颗粒为主（见图 2.1-10），沿程泥沙输移比为 98％～125％，泥沙补给的现象并不明显（见表 2.1-4）；粒径大于 0.125mm 泥沙颗粒补给效应在宜昌至沙市河段最为显著，其泥沙输移比均在 515％以上，恢复距离短，至沙市以下，该组泥沙的输移比骤然减小至 238％以下；0.062～0.125mm 颗粒泥沙补给主要集中在沙市至监利河段，宜枝河段的床沙组成为砂卵石河床，床沙中该组泥沙的占比为 10％左右，床沙补给量有限，因此，该组泥沙的补给集中在沙市至监利河段内，至监利以下则基本恢复。同时，也可以看出，监利以下，各组泥沙的输移比均为82％～100％。

表 2.1-4　三峡水库蓄水后 2003—2014 年宜螺河段不同粒径组泥沙输移比变化

河　段	粒　径　组/％			
	<0.062mm	0.062～0.125mm	0.125～0.25mm	>0.25mm
宜昌—枝城	112	177	514	860
枝城—沙市	125	331	561	515
沙市—监利	117	294	238	155
监利—螺山	98	100	82	84

注：枝城至沙市考虑了松滋口、太平口分沙，沙市至监利考虑了藕池口分沙，监利至螺山考虑了洞庭湖入汇。

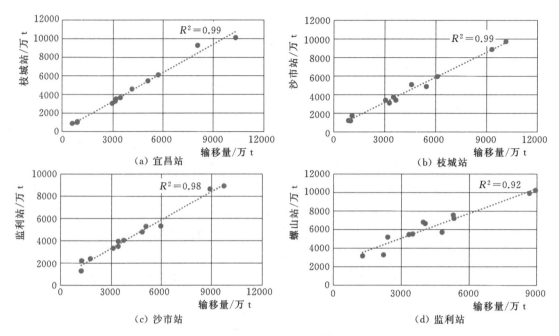

图 2.1-10　小于 0.062mm 泥沙颗粒上下游控制站输移量相关关系

可见，三峡水库蓄水以来床沙集中补给主要体现在荆江河段，且泥沙颗粒粒径越大，泥沙输移恢复得越快，床沙组成也会对补给速度有一定影响，而小于 0.062mm 的颗粒基本上全部输移至下游。

2.2　荆江河段河道冲淤演变规律

2.2.1　河道冲淤量及时空分布

三峡水库蓄水后的第一个 10 年，2002 年 10 月至 2012 年 10 月间，荆江河段总体表现为"滩槽均冲"，平滩河槽总冲刷量为 6.208 亿 m^3，年均冲刷量 0.621 亿 m^3，年均冲刷强度 17.88 万 $m^3/(km \cdot a)$。上、下荆江河段的冲刷量占比分别为 53.3% 和 46.7%。大于论证及设计阶段的预测值。可见，三峡水库蓄水后前 10 年，荆江河段实测冲刷强度比原预测成果要略偏大一些，发展速度也要快一些，主要受三峡入库水沙条件、水库运用方式与原设计计算条件之间存在差异，以及近年来河道采砂和河道整治工程活动增多等因素的影响。

2013 年起，三峡水库开始进入蓄水运行的第二个 10 年，该 10 年受来水量偏少的影响，冲刷主要集中在荆江河段，该河段冲刷泥沙 0.766 亿 m^3，冲刷强度仍大于第一个 10 年的均值。2014 年和 2015 年，在来水量略大于 2003—2013 年均值的情况下，来沙量再次锐减。荆江河段 2014 年和 2015 年分别冲刷泥沙 0.922 亿 m^3、0.418 亿 m^3。

一般认为，长江流域的水文周期为 10 年，河床冲淤调整存在滞后效应，当下的河床形态往往是之前 3～5 年的水沙条件塑造的。因此，河道的冲淤调整也应存在周期效应，已有的预测成果也常常以 10 年为一个周期来分析。

　　进入三峡水库蓄水后的第二个 10 年，荆江河段河床仍处于剧烈的冲刷状态。从三峡水库蓄水以来，荆江河段平滩河槽实测的冲淤量来看（下面如无特别说明，冲淤量均为平滩河槽的冲淤统计量），第一个 10 年，在沙量持续减少的前提下，荆江河段的河床冲刷量年际间有较大的波动，年冲刷量以前两年偏大，第 2 年（2004 年）的冲刷量为迄今为止的最大值；进入第二个 10 年后，2013 年、2014 年及 2015 年的年冲刷量大多大于第一个 10 年的平均值，且变化特征与第一个 10 年的前三年极为相似，但冲刷量都相对偏小（见图 2.2 - 1）。因此，可以说，荆江河段进入三峡水库蓄水运用第二个 10 年周期后，河床仍处于剧烈的冲刷状态。

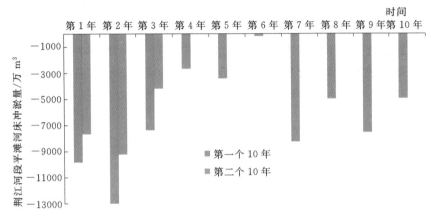

图 2.2 - 1　不同年份荆江河段平滩河槽冲刷量变化图

　　结合三峡水库的运行方式来看，三峡水库初期运行的 2003—2008 年，上、下荆江及整个荆江河段冲刷呈现出一个减速的过程，2008 年之后，三峡水库进入 175m 实验性运行阶段，荆江河段河床冲刷进入加速发展的状态，上荆江河床冲刷加快，下荆江则由此前的冲淤交替发展为持续冲刷，致使整个荆江河段河床冲刷速度明显呈加速发展的状态（见图 2.2 - 2）。尤其是进入第二个 10 年周期以来，2013 年、2014 年、2015 年上荆江和下荆

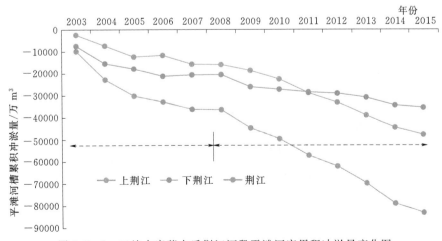

图 2.2 - 2　三峡水库蓄水后荆江河段平滩河床累积冲淤量变化图

江河床冲刷量稳步上升，既是对来沙条件变化的响应，也进一步表明，河床冲刷尚未出现明显减缓的现象。三峡水库蓄水后尚未遭遇大水年份，如果出现大水年，必然仍是"大水带极小沙"的情况，荆江河段的冲刷强度仍有可能突破当前已出现的状态。

此外，从冲刷量的滩槽分布情况来看，2003年以来，荆江河段总体呈现滩槽均冲的现象，但各年的分布特征存在较大的差异，其中，2003年和2004年，荆江河段的滩体冲淤量占比为53.8%和29.6%，分别为滩体冲刷比例的最大值和第二大值，此后直至2013年，滩体冲刷量的占比都未能突破这两个值；2014年，荆江河段滩体冲刷量占比为28.6%，仅次于2003年和2004年，表明2014年滩体冲刷强度有所加大（见图2.2-3）。从断面变化图来看，上荆江冲刷主要集中在未护的江心洲（滩），部分汊道（金城洲汊道）甚至出现了"冲滩淤槽"的现象（见图2.2-4），下荆江冲刷则以边滩为主。

综上，2014年对于荆江河段，乃至整个坝下游河段而言，是相对较为特殊的一个年份，其最大的特征就是坝下游河道的来沙量进一步下降，水沙的不匹配程度进一步增大，尤其是中高水期的减沙现象十分显著。对应于这一水沙变化情况，荆江河段河床冲刷再次呈现快速发展状态，一些未能守护的滩体冲刷强度也有所加大。

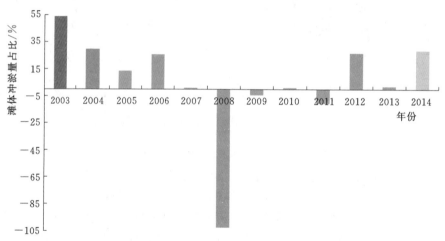

图2.2-3　三峡水库蓄水后荆江河段滩体冲淤量占洪水河槽总冲淤量的比值

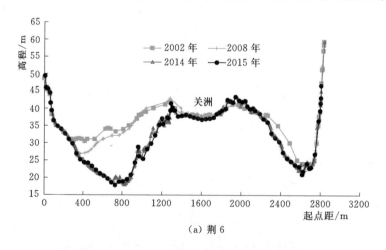

（a）荆6

图2.2-4（一）　上荆江典型断面冲淤变化图

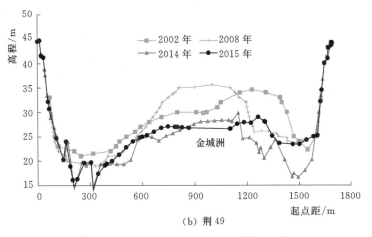

(b) 荆 49

图 2.2-4（二） 上荆江典型断面冲淤变化图

2.2.2 冲淤形态响应规律

2.2.2.1 纵剖面形态响应

图 2.2-5 为 2002 年 10 月至 2015 年 10 月枝城至城陵矶河段深泓纵剖面冲淤变化图，表 2.2-1 为荆江各典型河段深泓纵剖面冲淤深度统计情况。由此图表可以看出：2002 年 10 月至 2015 年 10 月期间，荆江纵向深泓以冲刷为主，平均冲刷深度为 2.14m。冲刷深度最大的断面位于调关河段的荆 120 断面，冲刷深度为 14.4m，其次为沙市河段三八滩滩头附近（荆 35 断面），冲刷深度为 13.2m。枝江河段深泓平均冲深 2.85m，最大冲深为

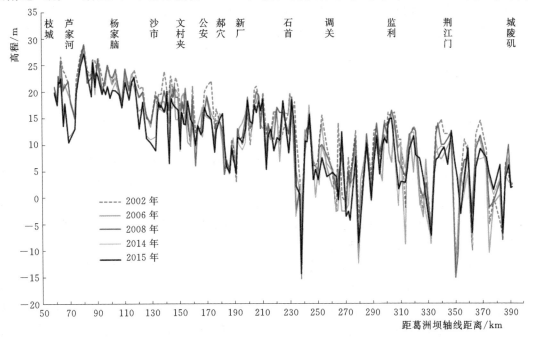

图 2.2-5 三峡水库蓄水运用后荆江河段深泓纵剖面冲淤变化

11.2m，位于关洲汉道（关 09）；沙市河段深泓平均冲刷深度为 3.38m，最大冲深位于三八滩滩头附近，冲刷深度为 13.2m（荆 35）；公安河段平均冲刷深度为 1.33m，最大冲深位于新厂水位站附近（公 2），冲刷深度为 7.5m；石首河段深泓平均冲刷深度为 2.9m，最大冲刷深度为 14.4m，位于调关河段（荆 120）；监利河段深泓平均冲深 0.73m，最大冲刷深度为 9.3m，位于乌龟洲段（荆 144）。

表 2.2-1　　　三峡水库蓄水运用后荆江各典型河段深泓纵剖面冲淤深度

河段名称	时 段	深泓冲刷深度/m	
		平均	冲刷坑（冲刷深度，断面）
枝江河段	2014 年 10 月—2015 年 10 月	−0.44	董市洲附近（−3.8，荆 13）
	2002 年 10 月—2015 年 10 月	−2.85	关洲汉道（−11.2，关 09）
沙市河段	2014 年 10 月—2015 年 10 月	−0.43	三八滩滩头（−7.5，荆 35）
	2002 年 10 月—2015 年 10 月	−3.38	三八滩滩头（−13.2，荆 35）
公安河段	2014 年 10 月—2015 年 10 月	0.33	铁牛矶（−3.5，荆 66）
	2002 年 10 月—2015 年 10 月	−1.33	新厂水位站（−7.5，公 2）
石首河段	2014 年 10 月—2015 年 10 月	0.10	调弦口（−6.5，荆 123）
	2002 年 10 月—2015 年 10 月	−2.90	调弦口（−14.4，荆 120）
监利河段	2014 年 10 月—2015 年 10 月	0.29	乌龟洲（−6.4，荆 145）
	2002 年 10 月—2015 年 10 月	−0.73	乌龟洲（−9.3，荆 144）

2.2.2.2　横断面形态响应

荆江河段断面形态主要有 V 形、U 形和 W 形以及亚型偏 V 形、不对称 W 形等类型。其中 U 形主要分布在分汊段、弯道段之间的顺直过渡段内，V 形一般分布在弯道段，W 形分布在汊道段，分析表明，不同类型的河道冲淤分布的规律是存在差异的，断面形态的控制性指标变化规律也不尽相同，下面按照断面形态的基本类型，分析河道冲刷发展过程中断面形态的变化规律。

（1）U 形断面。荆江河段的 U 形断面基本上分布在汊道之间或者弯道之间的顺直过渡段内，荆江河段的顺直过渡段并非天然形成的，多数河段受到两岸的护岸工程限制作用，岸坡相对稳定，因此，三峡水库蓄水前及蓄水后，U 形断面基本形态保持相对稳定，冲淤变化幅度并不大（见图 2.2-6）。

（2）V 形断面。荆江河段 V 形断面基本上分布在弯道段内，三峡水库蓄水前，受人工裁弯、自然裁弯等的影响，下荆江弯道段的河势调整幅度是剧烈的，深槽侧岸线的大幅度崩退使得深泓整体摆动幅度较大，直至 1998 年前后，V 形断面基本形态进入相对稳定期。三峡水库蓄水后，断面的变化主要是凸岸侧边滩滩唇的冲刷后退，主河槽略有展宽，深槽部分的冲淤变化幅度相对较小，深泓点的平面位置较为稳定（见图 2.2-7）。

（3）W 形断面。荆江河段 W 形断面基本上分布在分汊段内，其冲淤变幅相对单一型断面要复杂，不仅有两汊的冲淤调整、还有中部滩体的冲淤变化。总体来看，三峡水库蓄水后，荆江河段 W 形断面"塞支强干"的现象并不明显，部分汊道出现了短支汊冲刷发展的现象（见图 2.2-8），为此，航道部门为了保证主汊内主航道条件的稳定，对多个汊道实施了多期次的滩体守护工程。

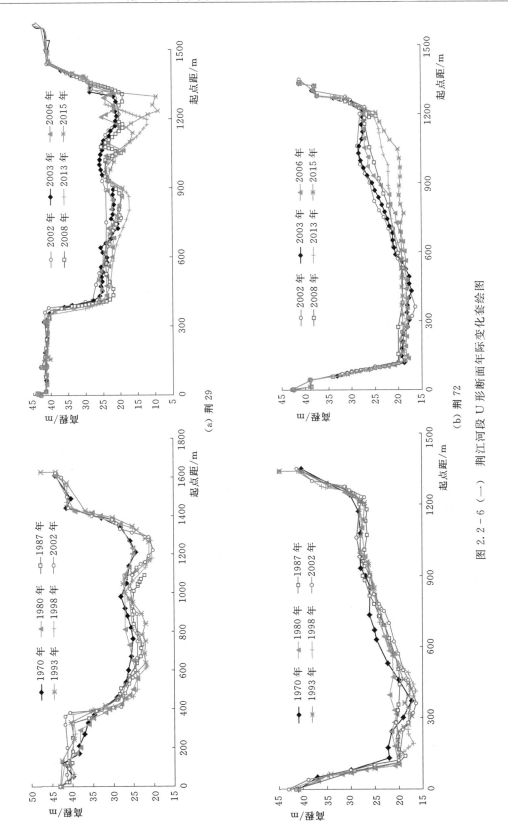

（a）荆 29

（b）荆 72

图 2.2-6（一）　荆江河段 U 形断面年际变化套绘图

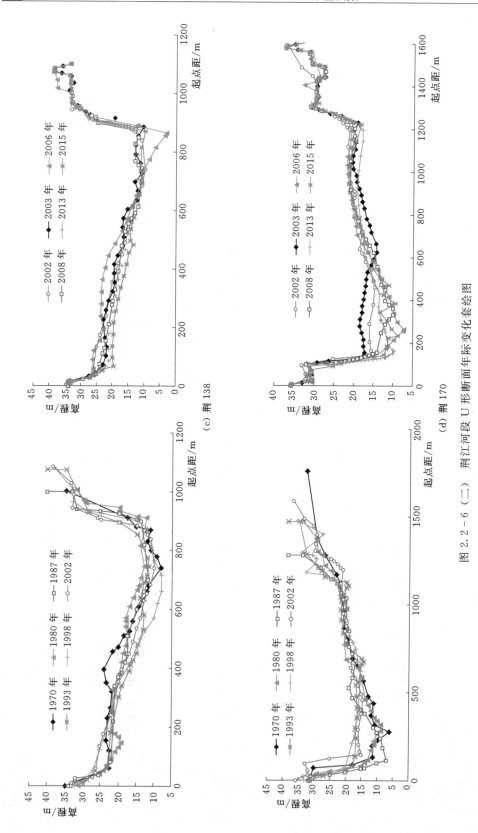

(c) 荆 138

(d) 荆 170

图 2.2-6（二） 荆江河段 U 形断面年际变化套绘图

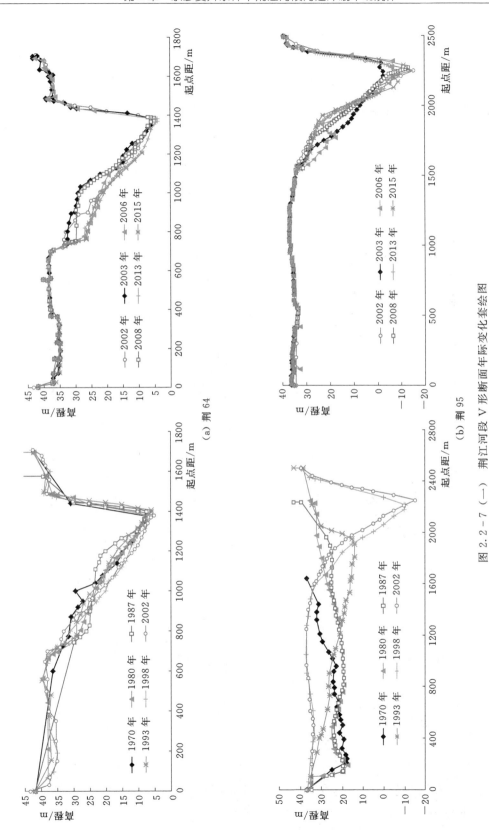

(a) 荆 64

(b) 荆 95

图 2.2-7 （一）　荆江河段 V 形断面年际变化套绘图

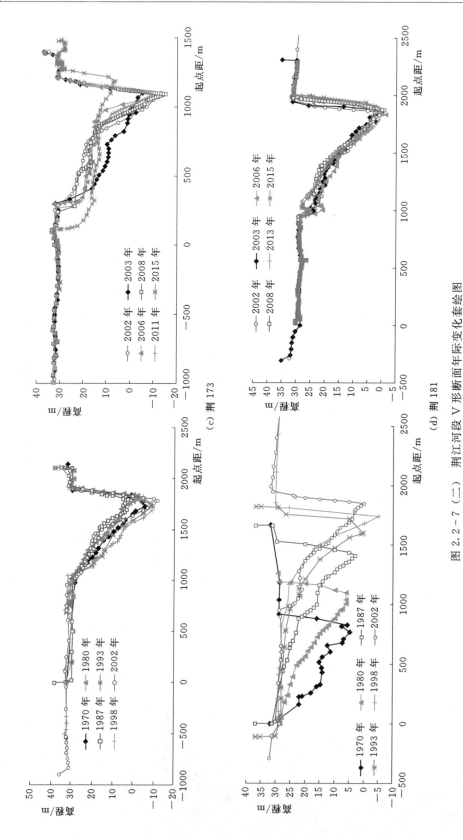

图 2.2 - 7 （二） 荆江河段 V 形断面年际变化套绘图

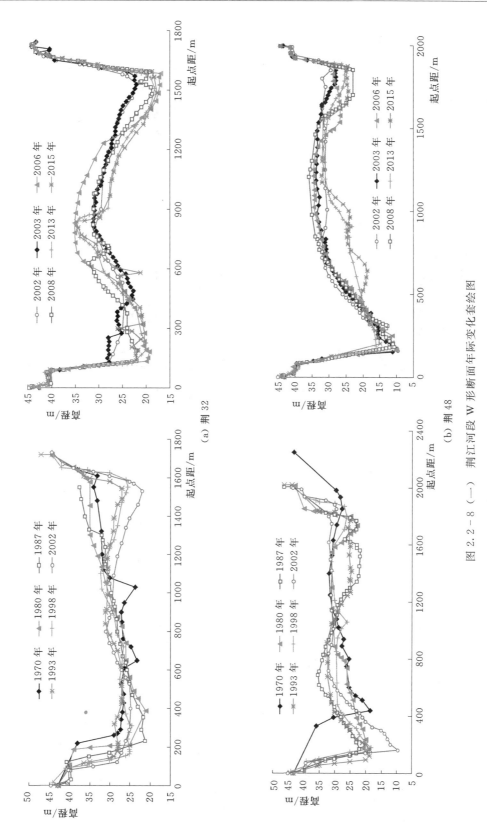

（a）荆 32

（b）荆 48

图 2.2-8 （一）　荆江河段 W 形断面年际变化套绘图

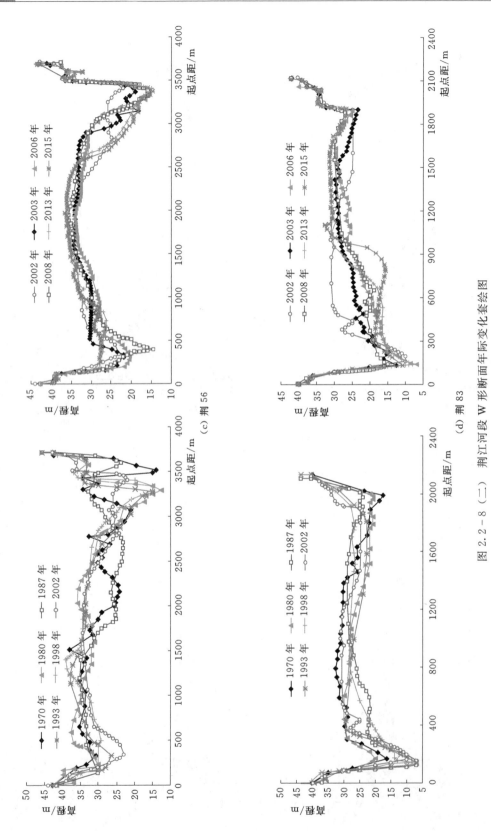

图 2.2 - 8（二） 荆江河段 W 形断面年际变化套绘图

2.3　荆江河段枯水位变化规律

2.3.1　同流量下枯水位下降

三峡水库蓄水后，坝下游河段在非饱和水流作用下，河床出现剧烈的冲刷调整，尤其是紧邻坝下游的荆江河段，其河床组成较上游近坝段偏细，河床冲刷强度也偏大，且冲刷主要集中在枯水河槽。由于枯水水位主要由河槽形态和下游水位控制，因而荆江段枯水位沿程出现不同幅度的下降。

（1）枝城站。依据三峡蓄水以来枝城站 2003—2015 年实测水位、流量成果资料，对其低水部分（流量小于 10000m³/s）水位流量关系进行分析（见图 2.3-1）。枝城站低水水位流量关系线逐年下移。不同流量下水位变化见图 2.3-2，当流量为 7000m³/s 时，水位累积降低 0.59m；当流量为 10000m³/s 时，水位累积降低 0.85m。枯水位降低主要发生在 2006—2014 年，2006 年之前，虽然该段河床冲刷发展迅速，但是一些对枯水位起关键控制作用的卡口和节点仍相对稳定，有效抑制了本河段及下游河段枯水位下降的累积作用，使得枝城站的枯水位未产生明显的下降；2006 年之后，尤其是 2008 年三峡水库进入 175m 实验性蓄水阶段以来，砂卵石河床冲刷下切明显，一些控制点也开始冲刷，枝城站枯水位下降日益明显。

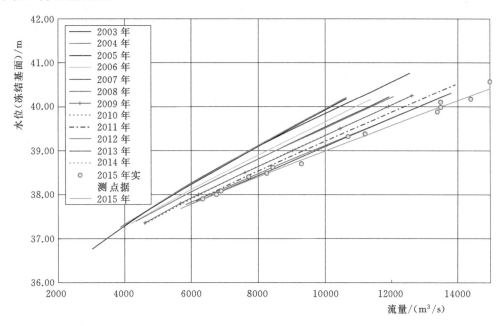

图 2.3-1　枝城站 2003—2015 年低水部分水位流量关系曲线图

（2）沙市水文站。根据实测水文资料，逐年拟定 2003—2015 年低水水位流量关系曲线、统计不同流量下的枯水位降幅如图 2.3-3 和图 2.3-4。2015 年与 2003 年相比，当流量为 6000m³/s 时，水位下降约 1.74m；当流量为 10000m³/s 时，水位下降 1.47m 左右；当流量为 14000m³/s 时，水位下降 1.14m 左右。随着流量增大，水位降低值逐渐收

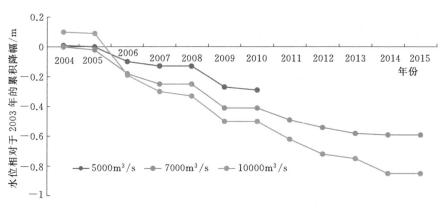

图 2.3-2　枝城站枯水期不同流量下水位下降过程图

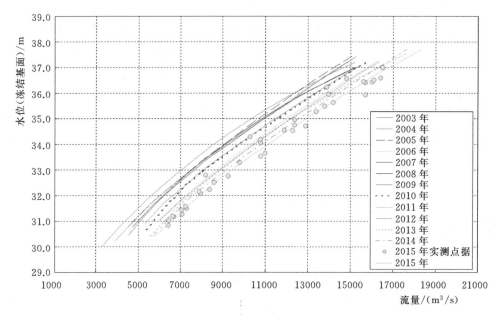

图 2.3-3　沙市站 2003—2015 年低水部分水位流量关系曲线图

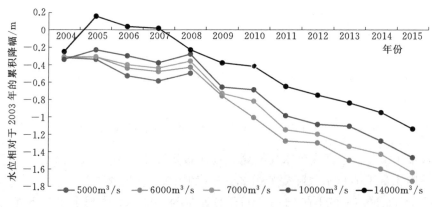

图 2.3-4　沙市站 2003—2015 年枯水期不同流量下水位下降过程图

窄。与上游的砂卵石河段极为类似，沙市站枯水位下降在 2008 年之前也不甚明显，2008 年之后进入持续下降的过程。

（3）螺山水文站。该站是洞庭湖出流与荆江来水的控制站。据实测水位流量成果资料，分析螺山站历年的低水水位流量关系和不同流量下的枯水位下降过程，见图 2.3-5 和图 2.3-6。2003—2015 年间，水位流量关系线年际间有所摆动，总体有所下降。2015 年与 2003 年相比，螺山站流量为 10000m³/s 时，水位下降 0.91m，且自 2010 年之后，其枯水位下降有加速发展的趋势，2015 年略有回调，这与河道冲刷发展类似，该年荆江河段冲刷最为剧烈，大量泥沙输往下游，螺山站所在河段冲刷强度相对较小，枯水位降幅也偏小。

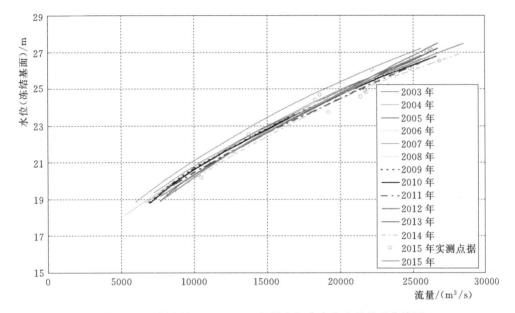

图 2.3-5　螺山站 2003—2015 年低水部分水位流量关系曲线图

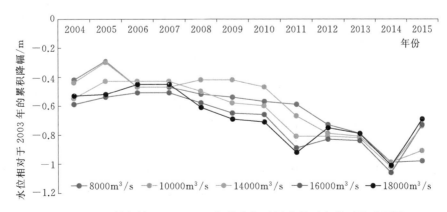

图 2.3-6　螺山站 2003—2015 年枯水期不同流量下水位下降过程图

综合荆江河段控制站沿程枯水位下降情况来看，伴随着河床的冲刷下切，荆江河段的枯水位下降具有普遍性，但发展的过程及幅度不尽相同，以中部的沙市站和沙市河段下降幅度为最大。首先，就发展过程来看，三峡水库175m试验性蓄水后，荆江河段枯水位下降相继进入加速发展的状态，此前水位下降较为缓慢。其次，就下切幅度来看，砂卵石过渡段的水位控制作用仍较强，水位下降自下而上的削减作用仍较显著，沙质河床的枯水位降幅沿程具有一定的一致性。

2.3.2　同期枯水位降低

三峡水库进入175m试验性蓄水阶段后，水库对坝下游河段流量过程的调蓄作用有所增强，应坝下游生态、生活用水、航运及防洪安全等要求，先后开展了枯水期补偿调度、汛期削峰调度等试验性运行方式。枯期补偿调度加大了水库枯水期下泄流量，在河床大幅度冲刷下切的前提下，对于枯水位的影响主要表现为两个方面，一是缓解了上荆江汛前同期枯水位下降幅度，二是改变了坝下游最枯水位持续下降的趋势。

三峡水库蓄水后，长江流域遭遇相对偏枯的水文周期，坝下游各控制站的年径流量相较于水库蓄水前偏小，以宜昌站为例，2003—2015年平均径流量相较于1954—2002年偏少8.3%，但对于同期枯水位而言，上荆江除11月受蓄水影响流量有所减小以外，12月至次年4月平均流量均有所增大。同期枯水位变化同时受到水库蓄水对流量调节作用和河床冲刷下切双重因素的影响，但从作用程度来看，11月两者是累加作用的关系，因此其水位降幅相较于同流量下的要偏大，12月开始水库补偿调度发挥作用，流量增大对于河床下切造成的枯水位下降有一定的抵消效应，但枯水位仍然是下降的状态，随后的1—4月，枯水补偿强度加大。对于枝城站，水库加大的下泄流量基本上能够补偿因河床下切带来的枯水位下降幅度，甚至还略有富余，尤其是补偿调度的主要作用期2009—2015年，当2月平均流量相较于1991—2002年增大2180m³/s时，其平均水位相对抬高约0.53m；从4月补水及水位变化情况来看，枝城流量为7000~8000m³/s时，水库补水近1000m³/s可抵消河床下切带来的枯水下降效应。

维持葛洲坝水利枢纽三江航道最低通航水位也是枯水补偿调度的目标之一，从紧邻坝下游的砂卵石河段枯水位变化与补偿调度的对应关系来看，这一目标目前尚能满足，但随着河床冲刷继续发展，要维持最低通航水位，水库最小下泄流量需不断增加，至2015年最小下泄流量增至5850m³/s。对于沙质河床，由于其河床冲刷下切带来的枯水位降幅较上游显著偏大，因此，尽管枯水补偿调度同样能使得同期流量加大，且变化规律与上游枝城站类似，但并不能抵消河床下切带来的枯水位降幅，仅在2009—2015年的2月，当补偿流量接近2000m³/s时，同期枯水位能基本与蓄水前持平（见表2.3-1）。

三峡水库枯水补偿调度主要集中在12月至次年4月，期间，在砂卵石河段，流量增大对水位的抬高作用能够抵消河床下切造成的枯水位降幅，且1—3月尚有一定富余，对于维持近坝段最低枯水位稳定有关键作用，在沙质河段，流量增大同样能够缓解河床下切对于枯水位的影响，但由于该段枯水位降幅偏大，当前的枯水补偿强度还不能消除河床下切的影响。

2.3.3　最枯水位变化

三峡水库蓄水前，上荆江历年最枯水位呈较为显著的下降趋势（见图2.3-7），河床

表 2.3 - 1　　　　　　　　不同时期的枯水位、平均流量变化统计表

控制站	时段及差值	月平均水位/m						月平均流量/(m³/s)					
		11月	12月	1月	2月	3月	4月	11月	12月	1月	2月	3月	4月
枝城站	1991—2002 年	37.70	36.20	35.61	35.43	35.67	36.55	9540	5840	4580	4280	4800	6900
	2003—2008 年	37.49	36.10	35.64	35.51	35.86	36.59	9400	5950	4890	4650	5500	7430
	2009—2015 年	36.75	35.98	35.98	35.96	36.00	36.52	8970	6590	6550	6460	6620	8280
	2003—2015 年	37.09	36.03	35.83	35.75	35.94	36.55	9170	6300	5780	5620	6110	7890
	差值 1	−0.21	−0.1	0.03	0.08	0.19	0.04	−140	110	310	370	700	530
	差值 2	−0.95	−0.22	0.37	0.53	0.33	−0.03	−570	750	1970	2180	1820	1380
	差值 3	−0.61	−0.17	0.22	0.32	0.27	0	−370	460	1200	1340	1310	990
沙市站	1991—2002 年	32.39	30.46	29.55	29.21	29.63	30.96	9680	6230	4900	4480	5050	6990
	2003—2008 年	31.84	29.86	29.05	28.77	29.46	30.59	9290	6140	5030	4750	5680	7440
	2009—2015 年	30.65	29.21	29.30	29.20	29.33	30.25	8690	6520	6550	6440	6620	8040
	2003—2015 年	31.20	29.51	29.18	29.00	29.39	30.41	8970	6340	5850	5660	6180	7760
	差值 1	−0.55	−0.6	−0.5	−0.44	−0.17	−0.37	−390	−90	130	270	630	450
	差值 2	−1.74	−1.25	−0.25	−0.01	−0.3	−0.71	−990	290	1650	1960	1570	1050
	差值 3	−1.19	−0.95	−0.37	−0.21	−0.24	−0.55	−710	110	950	1180	1130	770

注：差值 1、差值 2、差值 3 分别是 2003—2008 年、2009—2015 年、2003—2015 年与 1991—2002 年相比较。

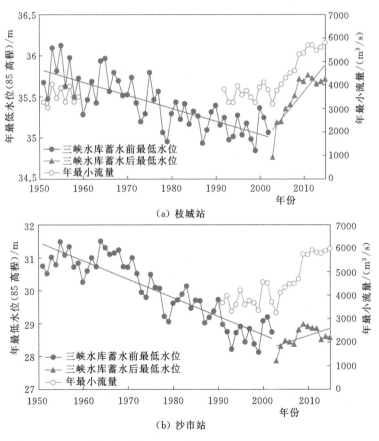

图 2.3 - 7　上荆江枝城站、沙市站年最小流量和最枯水位变化过程

的持续冲刷状态是这一现象产生的主要原因。20 世纪 60 年代后期开始，上荆江先后经历了因下荆江自然裁弯和人工裁弯带来的溯源冲刷、葛洲坝水利枢纽运行后的河床冲刷，几十年间河床基本处于持续冲刷的状态，1966—2002 年上荆江平滩河槽年均冲刷强度为 6.66 万 m^3/km，枯水河槽的河床平均高程累积下降约 0.96m。三峡水库蓄水后，长江流域遭遇相对偏枯的水文周期，2006 年是流域性的极枯水文年，2011 年长江中游洞庭湖、鄱阳湖遭遇旱情，水库蓄水一度成为长江中下游及两湖地区枯水情势严峻的矛头所指。实际上，从上荆江年最枯水位来看，三峡水库蓄水后，枯水补偿调度一定程度上改变了其持续下降的趋势，历年最枯水位变化过程出现转折，由下降趋势变为上升趋势，尤其是枝城站，1991—2002 年最低枯水位均值为 35.12m，2003—2015 年最低枯水位均值抬升至 35.49m。类似地，枯水补偿调度也改变了沙市站最枯水位的变化趋势，1991—2002 年最低枯水位均值为 28.67m，2003—2015 年在河床大幅度冲刷下切的前提下，最低枯水位均值能够达到 28.58m，仅相较于蓄水前降低 0.09m。可见，对于上荆江，水库的补偿调度对于最低枯水位的积极效应是比较明显的。

不仅如此，从极枯水位的持续历时变化来看（见表 2.3-2），以年内出现频率基本不超过 20% 为标准，统计枝城站年内水位低于 35.5m，沙市站低于 29.0m 的持续时间，对比三峡水库蓄水前后各时段的情况。对于砂卵石河段，三峡水库的补偿调度基本上能够消除枯水周期及河床冲刷下切对于极枯水位历时的双重影响，尤其是 2009—2015 年枯水补偿调度试验期间，枝城站基本上不再出现低于 35.5m 的水位；对于沙质河段，尽管补偿调度对极枯水位历时也有一定的积极效应，但是枯水周期及河床冲刷下切的影响程度更大。但可以想见，若水库不进行枯水补偿调度，即对比 2008 年前后的情况，沙市站的极枯水位历时会更长。不能否认，遭遇枯水周期的同时经历河床冲刷下切，上荆江极枯水位历时下降与水库补偿调度关系密切，下游沙质河床极枯水位历时虽有增加，但补偿调度仍有一定的缓解作用。

表 2.3-2　　　　　　　　　上荆江枝城站、沙市站极枯水位历时变化

时　段		1991—2002 年	2003—2008 年	2009—2015 年	2003—2015 年
枝城站水位低于 35.5m 历时/d	最大值	85	85	0	85
	平均值	47	28	0	13
沙市站水位低于 29.0m 历时/d	最大值	52	96	68	96
	平均值	18	48	31	39

2.3.4　枯水位下降与河床冲刷强度的关系

2.3.4.1　与河床枯水河槽累积冲刷量的关系

建立枝城站枯水位降幅与紧邻下游的枝江河段、枝江至沙市河段、枝江至公安河段河床枯水河槽累计冲刷量的相关关系如图 2.3-8。随着下游河床枯水河槽冲刷量的增大，枝城站枯水位降幅也增大，两者基本上呈正向相关关系，且枝城站枯水位控制段基本位于沙市河段以上，两者相关系数可以达到 0.83，河段下延至公安河段，该系数变化较小。

与下游沙市站相比，枝城站枯水位降幅与枯水河床冲刷的关系要略差一些，主要与该段存在多处枯水位控制节点有关。

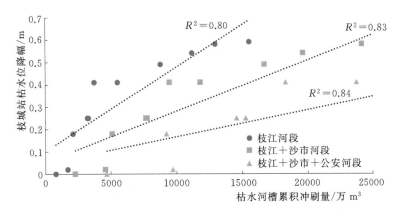

图 2.3-8　2003—2015 年枝城站枯水位降幅与下游河床枯水河槽累积冲刷量的相关关系图

建立沙市站枯水位降幅与紧邻下游的沙市河段、沙市至公安河段、沙市至石首河段河床枯水河槽累计冲刷的相关关系如图 2.3-9。与枝城站相比，沙市站枯水位降幅与河床枯水河槽冲刷量的相关关系更为明显，相关系数在 0.93 以上，且从图 2.3-9 上来看，沙市站枯水位降幅控制段基本位于公安河段以上，河段下延至石首河段，两者相关关系的系数基本不再变化。

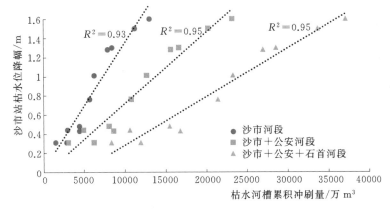

图 2.3-9　2003—2015 年沙市站枯水位降幅与下游河床枯水河槽累积冲刷量的相关关系图

此外，考虑下游枯水位下降的影响，建立沙市站与枝城站的枯水位下降幅度相关关系如图 2.3-10。2008 年之前，尽管荆江河段出现高强度的冲刷，但下游水位下降的向上传递效应在枝城至沙市河段并不明显，其原因应是砂卵石河段的节点控制作用显著；2008 年之后，伴随着河床冲刷强度的再次加大，枝城以下的节点控制作用逐渐减弱，沙市站和枝城站的枯水位开始呈现较好的相关关系，累积降幅呈 1：0.45 的比例关系。

2.3.4.2　与河床下切幅度的关系

枯水位累积降幅与枯水河槽平均高程的下切幅度在枝城站和沙市站都存在较为明显的

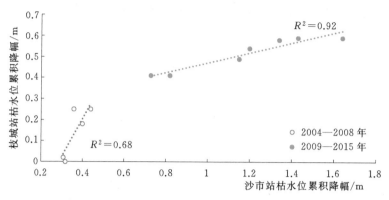

图 2.3-10 沙市站与枝城站枯水位下降幅度相关关系图

对应关系，依照上述所得控制枯水位下降的控制范围，图 2.3-11 给出了枝城枯水位降幅与相应范围内的枯水河槽平均高程累积下切幅度的相关关系。枝城站枯水位下降与其下游的枝江河段、沙市河段的河床高程平均下切幅度有关，枯水河槽河床高程下切幅度越大，枯水位降幅也越大；类似的规律在沙市站更为明显（见图 2.3-12），并且其相关性较上游的枝城站更强，沙市站枯水位累积降幅与沙市和公安河段的枯水河槽平均高程累积下切幅度相关关系系数达到 0.91。

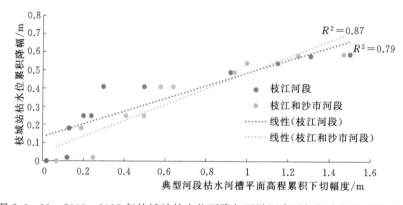

图 2.3-11 2003—2015 年枝城站枯水位下降与下游河床下切幅度的相关关系图

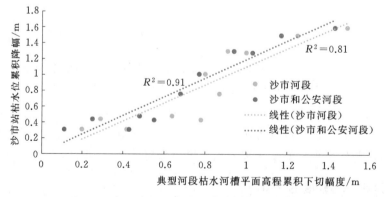

图 2.3-12 2003—2015 年沙市站枯水位下降与下游河床下切幅度的相关关系图

如上分析，荆江河段的枯水河槽冲刷下切是枯水位下降的主要因素，控制站的枯水位下降多由本地及下游的河道冲刷引起，砂卵石河段的深泓纵剖面形态的控制作用会削弱河道冲刷的影响，也会抑制下游水位下降的向上传递效应，但这种效应在逐渐弱化。

2.4　水沙变异条件下江湖关系的变化

2.4.1　三口分流分沙变化

2.4.1.1　三口年分流分沙量（比）变化

三口洪道的来水来沙量来自长江干流，主要集中在 5—10 月，约占全年总量的 90%以上。不同时期三口年分流分沙变化见表 2.4-1 和表 2.4-2。

表 2.4-1　　　　各站分时段多年平均径流量与三口分流比对比表　　　　单位：亿 m³

时　段	编号	枝城	新江口	沙道观	弥陀寺	康家岗	管家铺	三口合计	三口分流比
1956—1966 年	一	4515	322.6	162.5	209.7	48.8	588.0	1331.6	29%
1967—1972 年	二	4302	321.5	123.9	185.8	21.4	368.8	1021.4	24%
1973—1980 年	三	4441	322.7	104.8	159.9	11.3	235.6	834.3	19%
1981—1998 年	四	4438	294.9	81.7	133.4	10.3	178.3	698.6	16%
1999—2002 年	五	4454	277.7	67.2	125.6	8.7	146.1	625.3	14%
2003—2014 年	六	4111	238.7	53.8	90.1	4.2	103.4	490.2	12%

表 2.4-2　　　　各站分时段多年平均输沙量与三口分沙比对比表　　　　单位：万 t

时　段	编号	枝城	新江口	沙道观	弥陀寺	康家岗	管家铺	三口合计	三口分沙比
1956—1966 年	一	55300	3450	1900	2400	1070	10800	19590	35%
1967—1972 年	二	50400	3330	1510	2130	460	6760	14190	28%
1973—1980 年	三	51300	3420	1290	1940	220	4220	11090	22%
1981—1998 年	四	49100	3370	1050	1640	180	3060	9300	19%
1999—2002 年	五	34600	2280	570	1020	110	1690	5670	16%
2003—2014 年	六	5240	415	128	147	14	323	1027	20%

从表 2.4-1 和表 2.4-2 可以看出，三口各站分时段多年平均径流量衰减。三口年均分流量由 1956—1966 年的 1331.6 亿 m³ 减小到 2003—2014 年的 490.2 亿 m³，减少841.4 亿 m³，衰减幅度达 63.2%；分流比也由 29% 减少到 12%。

与三口分流减少相应，三口分沙量也呈逐步减小趋势。三口年平均分沙量由 1956—1966 年的 1.96 亿 t 减至 0.103 亿 t，减少 1.857 亿 t，减幅达 94.8%；分沙比由 35% 减少到 20%。

三峡工程蓄水运用前，三口各月平均分流比均在减小；三峡工程蓄水运用后，2003—

2014 年与 1999—2002 年相比，枯水期 12 月至次年 4 月三口分流比较小，分流比基本为 0.1％～2.1％且变化不大（主要是上游来水较小，虽然三峡水库对下游有一定的补水作用，但枝城站月均流量为 4500～7500m³/s，难以对三口分流条件有明显改善）；5 月枝城站平均流量略有增加，增幅为 5.4％，三口分流比却减小了 0.3 个百分点，主要是由于三峡蓄水运用后坝下游河床冲刷主要集中在宜昌站流量 10000m³/s 对应水面线以下的基本河槽，导致同流量下水位降低，如枝城、沙市站水位分别降低 0.85m、1.47m（见表 2.4-3 和表 2.4-4），导致三口分流比减小；6—9 月三口分流比则减小 1.2～2.7 个百分点（主要是由于枝城站流量有所偏少）；10 月则为三峡水库主要蓄水期，下泄流量有所减小（枝城站月均流量分别为 17100m³/s、12200m³/s），三口分流比减小了 4.4 个百分点；11 月减小了 1.4 个百分点，详见表 2.4-5。

表 2.4-3 三峡水库蓄水运用以来枝城站同流量水位变化 单位：m

时段 流量级/(m³/s)	2003—2004 年	2003—2005 年	2003—2006 年	2003—2007 年	2003—2008 年	2003—2009 年	2003—2010 年	2003—2011 年	2003—2012 年	2003—2013 年	2003—2014 年	2003—2015 年
5000	0.01	0.00	-0.10	-0.13	-0.13	-0.27	-0.29					
7000	0.00	-0.02	-0.18	-0.25	-0.25	-0.41	-0.41	-0.49	-0.54	-0.58	-0.59	-0.59
10000	0.10	0.09	-0.19	-0.30	-0.33	-0.50	-0.50	-0.62	-0.72	-0.75	-0.85	-0.85

注：表中"-"表示降低。

表 2.4-4 2003 年以来沙市站同流量水位变化 单位：m

时段 流量级/(m³/s)	2003—2004 年	2003—2005 年	2003—2006 年	2003—2007 年	2003—2008 年	2003—2009 年	2003—2010 年	2003—2011 年	2003—2012 年	2003—2013 年	2003—2014 年	2003—2015 年
6000	-0.31	-0.31	-0.44	-0.48	-0.43	-0.76	-1.01	-1.28	-1.30	-1.50	-1.60	-1.74
7000	-0.32	-0.31	-0.40	-0.44	-0.36	-0.73	-0.82	-1.15	-1.20	-1.34	-1.43	-1.64
10000	-0.34	-0.23	-0.30	-0.38	-0.28	-0.66	-0.69	-0.99	-1.09	-1.11	-1.28	-1.47
14000	-0.25	0.16	0.04	0.02	-0.23	-0.38	-0.42	-0.65	-0.75	-0.84	-0.95	-1.14

注：表中"-"表示降低。

表 2.4-5 不同时段三口各月平均分流比与枝城站平均流量对比表

控制站	时段	1月	2月	3月	4月	5月	6月	7月	8月	9月	10月	11月	12月
枝城平均流量/(m³/s)	1956—1966 年	4382	3850	4471	6525	12040	18119	30883	29666	25918	18568	10556	6180
	1967—1972 年	4221	3904	4860	7630	13863	18102	28172	23435	24223	18273	10394	5757
	1973—1980 年	4045	3690	4018	7091	12669	20462	27681	26504	26997	19419	9939	5713
	1981—1998 年	4403	4109	4695	7065	11458	18284	32609	27386	25127	17652	9574	5801
	1999—2002 年	4763	4440	4810	6633	11523	21200	30400	27225	24075	17075	10455	6133
	2003—2014 年	5610	5423	5909	7466	12147	17149	27701	24150	21281	12223	9056	6044
三口分流比/%	1956—1966 年	3.0	1.5	3.5	10.5	23.0	29.7	38.4	37.9	36.7	31.1	20.6	9.3
	1967—1972 年	1.6	1.3	4.0	10.1	20.6	25.7	33.4	30.4	29.1	25.2	14.5	5.5
	1973—1980 年	0.5	0.2	0.7	5.9	13.7	20.7	25.5	24.8	24.4	19.4	9.2	2.5
	1981—1998 年	0.2	0.2	0.4	2.9	8.4	15.6	23.8	22.6	20.5	14.5	5.8	1.1
	1999—2002 年	0.1	0.2	0.2	1.6	7.9	14.9	22.1	19.7	18.4	12.9	6.2	0.9
	2003—2014 年	0.4	0.2	0.5	2.1	7.6	13.0	19.4	18.5	17.1	8.5	4.8	0.8

2.4.1.2　三口分洪量变化

三口总分流量以及总分流比在各个流量级均沿时程逐步减小，但三口分洪近几年没有出现明显衰减的趋势。

表 2.4－6 是在不同流量级下三口分流的统计，表 2.4－7 是在荆江典型洪水情况下三口控制站与枝城站的洪峰对比表。

表 2.4－6　　　　　　　　　　不同流量级三口控制站分流统计表

枝城流量级/(m³/s)	时段	松滋口		太平口		藕池口		∑分流量/(m³/s)	∑分流比/%
		分流量/(m³/s)	分流比/%	分流量/(m³/s)	分流比/%	分流量/(m³/s)	分流比/%		
70000	1956—1966 年	9750	13.9	3000	4.3	14400	20.6	27200	38.9
	1967—1972 年	—		—		—		—	
	1973—1980 年	—		—		—		—	
	1981—2002 年	9300	13.3	3120	4.5	6400	9.1	18800	26.9
	2003—2015 年	—		—		—		—	
60000	1956—1966 年	8720	14.5	2950	4.9	13600	22.7	25300	42.2
	1967—1972 年	9600	16	3050	5.1	11200	18.7	23900	39.8
	1973—1980 年	8430	14.1	2660	4.4	8000	13.3	19100	31.8
	1981—2002 年	7720	12.9	2450	4.1	4900	8.2	15100	25.2
	2003—2015 年	—		—		—		—	
50000	1956—1966 年	7350	14.7	2570	5.1	12000	24	21900	43.8
	1967—1972 年	7300	14.6	2440	4.9	8900	17.8	18600	37.2
	1973—1980 年	6730	13.5	2250	4.5	6400	12.8	15400	30.8
	1981—2002 年	5800	11.6	1910	3.8	3660	7.3	11400	22.8
	2003—2015 年	6010	12	1900	3.8	3280	6.6	11200	22.4
40000	1956—1966 年	5510	13.8	2040	5.1	9340	23.4	16900	42.3
	1967—1972 年	5500	13.8	1960	4.9	6720	16.8	14200	35.5
	1973—1980 年	5200	13	1880	4.7	5150	12.9	12200	30.5
	1981—2002 年	4580	11.5	1520	3.8	2500	6.3	8650	21.6
	2003—2015 年	5008	12.5	1514	3.8	2126	5.3	8694	21.7
30000	1956—1966 年	4100	13.7	1750	5.2	4620	22	12500	41.7
	1967—1972 年	4100	13.7	1570	5.2	4620	15.4	10300	34.3
	1973—1980 年	4100	13.7	1570	5.2	4150	13.8	9870	32.9
	1981—2002 年	3160	10.5	1140	3.8	1470	4.9	5820	19.4
	2003—2015 年	3512	12.3	1073	3.4	1657	5.3	6571	19.6

表 2.4－7　　荆江典型洪水过程三口控制站与枝城站洪峰对比统计表

洪次	枝城/(m³/s)	松滋口/(m³/s)		太平口/(m³/s)	藕池口/(m³/s)		三口合计		洞庭湖区代表站对应水位/m			
		新江口	沙道观	弥陀寺	管家铺	康家岗	流量/(m³/s)	分洪比/%	官垸	安乡	南咀	南县
19920720	49000	4200	1610	2070	4380	372	12632	25.8			32.96	34.55
19930831	55900	4890	1950	2290	4800	436	14366	25.7			34.11	35.41
19940715	31800	2570	885	1320	1370	121	6266	19.7			31.45	32.21
19950816	40400	3590	1290	1760	2800	242	9682	24.0			31.26	32.56
19960705	48200	4180	1560	2020	3640	304	11704	24.3		37.27	33.89	33.67
19970717	54900	4940	1760	2010	3790	308	12808	23.3		36.50	33.11	34.24
19980817	68800	6540	2670	3040	6170	590	19010	27.6	40.34	38.95	36.08	37.50
19990720	58400	5960	2160	2640	5450	466	16676	28.6	39.74	38.86	36.64	37.43
20000718	57600	4680	1710	2130	3610	280	12410	21.5	37.41	36.16	32.74	35.16
20010908	41300	3310	1070	1510	1860	123	7873	19.1	35.87	34.47	31.35	33.26
20020819	49800	4120	1480	1810	3500	254	11164	22.4	37.94	36.90	34.70	35.50
20030713	45800	4000	1450	1710	3170	229	10559	23.1	40.33	38.75	35.80	35.47
20030904	48800	4030	1500	1820	2740	179	10269	21.0	35.97	34.59	31.35	33.65
20040717	36200	2830	929	1270	1430	84.2	6543	18.1	35.64	34.24	32.29	32.00
20040909	58700	5230	1870	2060	3890	297	13347	22.7	37.47	35.97	32.26	35.23
20050711	46000	4140	1380	1640	2470	149	9779	21.3	35.92	34.35	31.37	33.19
20050831	44800	4090	1490	1810	2790	187	10367	23.1	37.13	35.71	32.59	34.32
20060710	31300	2680	787	1040	1130	53.7	5691	18.2	35.08	33.40	30.96	31.24
20070622	41400	3400	1130	1390	1700	97.6	7718	18.6	36.48	34.88	31.92	32.91
20070731	50200	4560	1520	1920	3260	211	11471	22.9	38.14	36.72	33.94	34.92
20070918	33000	2920	955	1370	1620	92.7	6958	21.1	35.93	34.54	31.91	32.90
20080705	33600	2500	770	975	1120	35	5400	16.1	33.75	31.91	29.95	30.06
20080817	40300	3410	1190	1450	1920	116	8086	20.1	39.58	36.52	32.86	33.60
20090702	30600	2550	795	1070	1060	38.8	5514	18.0	36.28	34.34	31.72	31.38
20090805	40100	3550	1220	1620	1990	121	8501	21.2	35.87	34.56	31.66	33.21
20100727	42600	4360	1420	2060	2880	180	10900	25.6	38.27	36.84	34.13	35.08
20100830	31700	2890	908	1250	1510	71.2	6629	20.9	35.58	34.28	31.45	32.59
20110806	28700	2410	671	959	908	24.7	4973	17.3	34.58	32.52	30.26	30.12
20120709	42100	4170	1380	1580	2030	134	9294	22.1	37.14	35.62	32.50	33.84
20120728	46600	4870	1670	1950	2950	202	11642	25.0	36.93	37.18	34.53	35.47
20130723	34200	3280	1090	1220	1460	63.9	7114	20.8	36.33	34.93	31.82	33.00
20140920	47800	4850	1780	1610	2400	125	10765	22.5				
20150701	31600	2800	900	1100	1500	50.6	6351	20.1				
20150910	25400	1980	527	657	695	0.288	3859	15.2				

从表 2.4-6 可以看出，松滋口分流变化主要出现在下荆江系统裁弯以后，葛洲坝水利枢纽兴建后，除高洪流量级有所衰减以外，其他各流量级分流量相对稳定；太平口分流一直处于衰减过程中，葛洲坝水利枢纽兴建后，其分流比衰减速度趋缓；藕池口分流在三峡水库运用前一直处于明显的衰退状态。

比较表 2.4-7 中枝城流量接近的典型洪水，如 2002 年 8 月 19 日和 2007 年 7 月 31 日，枝城流量分别为 49800m³/s 和 50200m³/s，对应三口分流比分别为 22.4% 和 22.9%，其中松滋口分流比分别为 11.2% 和 12.1%，太平口分流比分别为 3.6% 和 3.8%，藕池口分流比分别为 7.5% 和 6.9%；又如 2003 年 7 月 13 日和 2012 年 7 月 28 日，枝城流量分别为 45800m³/s 和 46600m³/s，对应三口分流比分别为 23.0% 和 25.0%，其中松滋口分流比分别为 11.9% 和 14.0%，太平口分流比分别为 3.7% 和 4.2%，藕池口分流比分别为 7.4% 和 6.8%；再如 2003 年 9 月 4 日和 2014 年 9 月 20 日，枝城流量分别为 48800m³/s 和 47800m³/s，对应三口分流比分别为 21.0% 和 22.5%，其中松滋口分流比分别为 11.3% 和 13.9%，太平口分流比分别为 3.7% 和 3.4%，藕池口分流比分别为 6.0% 和 5.3%。由此可见三峡水库运用后，三口分洪能力略有增加，主要是松滋口分洪能力增加明显，太平口分洪能力变化不大，而藕池口分洪能力呈减小趋势。

从上述典型洪水期间洞庭湖区水位看，如 2002 年 8 月 19 日和 2007 年 7 月 31 日，西洞庭湖安乡站水位分别为 36.90m、36.72m，东洞庭湖南县站水位分别为 35.50m、34.92m，南洞庭湖南咀站水位分别为 34.70m、33.94m；再如 2003 年 7 月 13 日和 2012 年 7 月 28 日，西洞庭湖安乡站水位分别为 38.75m、37.18m，东洞庭湖南县站水位分别为 35.47m、34.53m，南洞庭湖南咀站水位均为 35.80m。对比两日的三口分流比均差别不是很大，这主要与洞庭湖湖区水流顶托作用较小有关。

2.4.1.3　三口断流时间增加

松滋河东支沙道观断流时间增加最多，1981—2002 年的平均年断流天数为 171d，蓄水后（2003—2014 年）增加到 197d；康家岗由 1981—2002 年的平均年断流天数的 248d 增加到 266d，见表 2.4-8。

表 2.4-8　　　　　不同时段三口控制站年断流天数及相应流量统计表

时　段	三口站分时段多年平均年断流天数/d				各站断流时枝城相应流量/(m³/s)			
	沙道观	弥陀寺	管家铺	康家岗	沙道观	弥陀寺	管家铺	康家岗
1956—1966 年	0	35	17	213	—	4290	3930	13100
1967—1972 年	0	3	80	241	—	3470	4960	16000
1973—1980 年	71	70	145	258	5330	5180	8050	18900
1981—1998 年	167	152	161	251	8590	7680	8290	17600
1999—2002 年	189	170	192	235	10300	7650	10300	16500
2003—2014 年	197	144	185	266	10113	7132	8874	15725

三峡水库主要蓄水期（9 月、10 月），三口断流天数有明显增多，尤以松滋口东支和藕池口最为明显。如沙道观、弥陀寺、藕池（管）、藕池（康）站 9—10 月平均断流天数

分别由 1999—2002 年的 6d、0d、4d、25d 增多至 2003—2014 年的 13d、3d、7d、35d，见表 2.4-9。

表 2.4-9　　　不同时段蓄水期（9—10 月）三口控制站年断流天数统计表

时　　段	三口分时段多年平均年断流天数/d			
	沙道观	弥陀寺	管家铺	康家岗
1956—1966 年	0	0	0	7
1967—1972 年	0	0	0	20
1973—1980 年	0	0	0	25
1981—1998 年	1	0	1	21
1999—2002 年	6	0	4	25
2003—2014 年	13	3	7	35

2.4.2　三口洪道的冲淤变化

据实测资料统计，除松滋西支新江口断面相对稳定外，三口洪道进口段河床均呈现单向淤积态势，以藕池河洪道淤积最为严重，如 1966—1995 年藕池口康家岗和管家铺站水文断面平均淤厚 4.6m。根据已有计算成果，1952—1995 年三口洪道泥沙总淤积量为 5.69 亿 m^3，其中松滋河淤积 1.67 亿 m^3，约占进口两站同期总输沙量的 10.4%；虎渡河淤积 0.71 亿 m^3，约占弥陀寺站同期总输沙量的 10.7%；松虎洪道 0.4424 亿 m^3，藕池河淤积 2.87 亿 m^3，约占进口两站同期总输沙量的 13.6%。1995—2003 年，三口洪道枯水位以下河床冲淤基本平衡，泥沙淤积主要集中在中、高水河床，总淤积量为 0.4676 亿 m^3。其中以藕池河淤积最为严重，藕池河淤积量 0.3106 亿 m^3，占淤积总量的 66%，淤积强度为 9.1 万 m^3/km；虎渡河次之，淤积量为 0.1317 亿 m^3，占总淤积量的 28%，淤积强度为 9.8 万 m^3/km；松滋河淤积量不大，淤积量为 0.0348 亿 m^3，仅占总淤积量的 7%，淤积强度为 1.1 万 m^3/km。松虎洪道则略有冲刷，冲刷量为 0.0095 亿 m^3。

三峡水库运用后，三口分流分沙量继续减少。2003—2013 年，三口分流比降低至 12%，平均输沙量 1083 万 t，较 1999—2002 年均值相比减少 4587 万 t，减少幅度约为 80.9%。三口洪道也由 2003 年前的总体淤积转为总体冲刷。2003—2011 年三口河道总冲刷量为 0.75 亿 m^3，其中松滋河冲刷量 0.33 亿 m^3，占三口河道总冲刷量的 44%；虎渡河冲刷 0.15 亿 m^3，占三口河道总冲刷量的 20%；松虎洪道冲刷 0.087 亿 m^3，占三口河道总冲刷量的 12%；藕池河冲刷 0.18 亿 m^3，占三口河道总冲刷量的 23%。

从冲刷的时空分布来看：松虎洪道和藕池河在 2003—2005 年、2005—2009 年、2009—2011 年均以冲为主，但冲刷强度表现不同，松虎洪道 2003—2005 年冲刷强度最大，藕池河则以 2005—2009 年冲刷强度为大。松滋河和虎渡河在 2003—2005 年、2005—2009 年均以冲为主，但冲刷强度逐渐减弱；2009—2011 年则均表现为淤积。

2.4.3　洞庭湖来水来沙及淤积特性

三峡工程蓄水运用后，洞庭湖来水来沙组成变化较大，但三口入湖沙量和四水入湖水量分别占其入湖总量中的绝对优势仍未发生根本性变化。

三峡水库蓄水以来，洞庭湖入湖沙量大幅减小，相较于三峡水库蓄水前1996—2002年均值，2003—2013年三口、四水入湖沙量分别减少84.4%和48.0%。受此影响，湖区泥沙淤积量和沉积率都呈明显减小趋势，其中泥沙沉积总量减少99.1%，泥沙沉积率下降为2.9%。尤其是2006年、2008—2013年，入湖沙量明显少于出湖沙量，特别是2011年，入湖沙量为0.035亿t，而出湖沙量达0.143亿t，湖区泥沙冲刷0.108亿t，2003—2013年洞庭湖年均泥沙淤积量为56万t（见表2.4－10）。

表 2.4－10　　　　　　　三峡水库运用前后洞庭湖出入湖沙量变化

时　段	入湖水量/亿 m³		出湖水量 /亿 m³	入湖沙量/万 t		出湖沙量 /万 t	淤积量 /万 t	沉积率 /%
	三口	四水		三口	四水			
1956—1966 年	1332	1524	3126	19590	2917	5961	16925	74.0
1967—1972 年	1022	1729	2982	14190	4083	5247	13556	72.1
1973—1995 年	746	1666	2666	10021	2814	3311	9868	74.9
1996—2002 年	657	1874	2958	6959	1584	2251	6493	74.3
2003—2013 年	484	1526	2289	1083	821	1848	56	2.9

第3章　三峡水库下游河道河床粗化

天然河道上修建水利枢纽，在运行初期，枢纽拦截上游大部分泥沙，使枢纽下游河道的来水来沙条件发生较大变化，打破了原天然河道的自然形态与水沙条件的相对平衡，水流处于非饱和输沙状态，下游河道因水流冲刷而发生一系列变化。明显的变化之一就是河床组成变粗，即河床粗化。伴随着河床冲刷粗化，河道将发生冲深、过流断面扩大和水位降低等。随着时间的推移，河床粗化层形成，冲刷强度逐渐降低，直至达到新的平衡。水利枢纽下游河道冲刷与粗化是河床演变中的关键问题。

本章介绍了荆江河段河床组成深层取样与床面粗化机理研究成果。通过对松滋口至城陵矶河段 25 个洲滩布设深层取样坑，开展了床面以下 2m 深的分层取样，详细调查并掌握了荆江河段河床不同深度、不同位置物质组成的数据，为深入分析床面冲刷下切规律提供了第一手资料；在此基础上，进一步开展河床物质组成调整粗化的研究，根据荆江河段河床物质组成的取样分析数据，较为准确的模拟河床物质组成及河道边界，开展冲刷下切过程中河床物质组成的调整粗化研究，分析三峡工程运用以来水沙变异导致荆江河段河道冲刷下切变化规律，包括不同河型、不同位置的断面冲淤幅度和分布。

3.1　荆江河段河床组成变化特征分析

3.1.1　河床组成取样

三峡水库自 2003 年开始蓄水运行以来，下游河道持续发生冲刷，长江水文局对河道沿程水沙量、悬移质级配、河道断面、床面表层组成等进行了大量的观测，取得了丰富的实测资料。已有的资料表明三峡水库下游长河段河床持续冲刷、粗化现象明显。

水动力条件和河床物质组成是决定河道冲刷发展的关键因素，由于目前缺乏三峡下游河道深层床沙组成资料，所以，预测未来河道的冲淤变化的条件是不充分的。为此中国水利水电科学研究院委托荆江水文水资源勘测局进行了枝城至城陵矶河段深层床沙取样及测试工作，为分析预测坝下游河道冲刷、床沙粗化及河床演变趋势等奠定了基础。

3.1.1.1　取样河段调查

荆江河段位于长江中游，东西横亘于江汉平原南部，北邻汉江，南接洞庭湖。该地区大地构造单元属于新华夏系的第二沉降带江汉沉降区的西南部，第四纪以来新构造运动长期以沉降为主，第四系地层深度可达 130m 以上，全新世冲湖相沉积十分发育，仅在下荆江右岸零星出露一些基岩地层。

松滋口至城陵矶河段属长江中游平原，两岸断续分布有丘陵、阶地，河谷发育有河漫滩等。

（1）松滋口至藕池口段，为发育在古洪冲积扇沙市扇形平原上的冲积性河道，由涴市、沙市、公安和郝穴等四个弯曲段及它们之间的顺直段组合而成，由于河段内江心洲滩较多，故为分汊型微弯河道，河弯较平缓，河弯半径较大。部分河床切入晚更新世砾石层中。在枯水面以上为全新统的黏性土层，河床底部物质组成为砂卵石层，砂卵石层多为沙质覆盖，但有一部分深泓冲刷坑切入卵石层内。翻冲起来的卵砾石不断向下游输移，形成卵石推移质（在沙市站的推移质测验中，零星采集到卵砾石样品），并在流速较小的床面沉积，而成为卵砾床沙。该河段主要洲滩有 19 个，以江心洲和心滩居多，详见表 3.1-1。

表 3.1-1　　　　　　　　　　　　松滋口至藕池口河段主要洲滩

编号	洲滩名称	河段	位　　置	形态
1	芦家河浅滩	枝江	董 5 下 200m～荆 12 下 70m	心滩
2	董市洲	枝江	董 10 上 57m～董 11 下 650m	江心洲
		枝江	董 12 上 700m～荆 14 上 300m	江心洲
3	柳条洲	枝江	江 3 上 547m～荆 18 下 915m	江心洲
4	江口洲	枝江	荆 18 下 807m～荆 19 上 850m	江心洲
5	火箭洲	枝江	荆 25 下 1700m～荆 26 上 2610m	江心洲
6	马羊洲	沙市	荆 26 下 470m～荆 29 上 1330m	江心洲
7	太平口心滩	沙市	荆 31 下 540m～荆 31 下 1334m	心滩
		沙市	荆 31 下 2345m～荆 32 上 600m	心滩
		沙市	荆 32 上 500m～荆 35 上 30m	心滩
8	太平口边滩	沙市	荆 32～荆 41	右边滩
9	三八滩	沙市	荆 42 上 1100m～荆 42 上 1000m	心滩
10	金城洲	沙市	荆 46 下 422m～荆 50 下 1040m	右边滩
11	文村夹边滩	公安	荆 56～荆 58 下 400m	左边滩
12	突起洲	公安	荆 56 上 282m～荆 59 上 630m	江心洲
		公安	荆 56 下 1392m～1778m	江心洲
13	二圣洲边滩	公安	荆 61 上 583m～荆 64 下 570m	左边滩
14	马家咀边滩	公安	荆 52 上 200m～荆 55 下 1500m	右边滩
15	南五洲边滩	公安	荆 67 上 380m～荆 77	右边滩
16	蛟子渊心滩	公安	荆 77 上 1550m～荆 77 上 320m	心滩
		公安	荆 77 下 1330m～荆 79 下 138m	心滩
17	蛟子渊边滩	公安	荆 79 上 588m～荆 81 下 548m	左边滩
18	天星洲心滩	石首	荆 83 上 190m～荆 84 上 810m	心滩
19	天星洲边滩	石首	荆 84 上 420m～荆 84 下 1860m	右边滩
		石首	荆 84 下 1090m～荆 85+1 下 500m	右边滩

（2）藕池口至城陵矶为下荆江河段，该河段迂回曲折，属于典型的蜿蜒性河道。河弯曲折率大，河弯半径远小于杨家脑至藕池口河段。河床发育于全新世冲积层中，除了南岸少数几处由基岩或阶地砾石层和黏性土层构成节点和近几年的人工护岸外，河岸均为下部

中细沙层与上部黏性土层组成的二元结构。河底均由比较均匀的细沙及更细的泥质沉积物组成。下荆江的主要洲滩共有 24 个（详见表 3.1－2）。下荆江弯道多，河段内江心洲和心滩较少、以弯道凸岸边滩为主，边滩成为下荆江洲滩的主要类型。

表 3.1－2　　　　　　　　　藕池口至城陵矶河段主要洲滩

编号	洲滩名称	河段	位　置	形态
1	五虎朝阳边滩	石首	荆 85＋1 上 157m～荆 95 上 820m	右边滩
2	五虎朝阳心滩	石首	荆 85＋1 下 2380m～荆 90 上 130m	心滩
		石首	荆 90 上 260m～荆 90 下 620m	心滩
		石首	荆 90 下 695m～荆 95 上 1450m	心滩
3	向家台边滩	石首	荆 95 上 713m～荆 98 下 704m	左边滩
4	碾子湾边滩	石首	荆 98 上 564m～荆 108 下 328m	右边滩
5	小河口边滩	石首	荆 108 下 1364m～荆 119 下 300m	左边滩
6	六合甲边滩	石首	荆 119～荆 120 下 2170m	右边滩
7	季家咀边滩	石首	荆 120 上 245m～荆 122 下 895m	左边滩
8	杨苗洲边滩	石首	荆 123～关 39 上 1830m	左边滩
9	来家铺边滩	石首	关 39 上 1030m～荆 133 下 370m	右边滩
10	内倒岔边滩	石首	荆 133 下 400m～荆 135 下 870m	左边滩
11	青泥湾边滩	监利	荆 143 下 436m～荆 148	右边滩
12	乌龟洲	监利	荆 143 上 500m～荆 146＋1 上 270m	江心洲
13	监利边滩	监利	荆 140～荆 143	左边滩
14	监利心滩	监利	荆 142 下 76m～荆 143 上 310m	心滩
15	大马洲边滩	监利	荆 150 上 480m～上 7 下 1315m	左边滩
16	洪山头边滩	监利	上 7～荆 167 上 440m	左边滩
17	韩家洲边滩	监利	荆 167 上 920m～荆 169 上 720m	左边滩
18	广兴洲边滩	监利	荆 169 下 150m～荆 172 下 1336m	右边滩
19	反咀边滩	监利	荆 172 上 600m～荆 174 下 1330m	左边滩
20	瓦房洲边滩	监利	荆 174 下 143m～荆 178 下 527m	右边滩
21	孙良洲边滩	监利	荆 178～荆 179 下 956m	右边滩
22	孙良洲	监利	荆 176 上 484m～荆 178 上 625m	江心洲
23	八姓洲边滩	监利	荆 179 下 950m～荆 182	左边滩
24	七姓洲边滩	监利	荆 181 下 1660m～荆 183	右边滩

（3）岳阳河段。河段范围城陵矶至周郎嘴，长度 77km，顺直，比较大的江心洲有南阳洲、新淤洲、南门洲等。两岸几个重要的矶头对河势稳定起重要作用，河岸组成有基岩、松软土等类型，左岸有白螺矶、杨林山等控制性节点，右岸有城陵矶、道人矶、马鞍山、赤壁矶（山），其中城陵矶、赤壁矶为单一分布，白螺矶与道人矶、杨林山与马鞍山为左右岸对峙性河床节点。

3.1.1.2 荆江典型洲滩表层组成物调查

河床洲滩的大小与分布取决于来水来沙、河床形态、河床边界等条件。松滋口至城陵矶河段河床内发育了组成不同和形态各异的洲滩。其中，藕池口以上洲滩发育，以江心洲和心滩为主；藕池口以下以边滩为主，仅有乌龟洲为江心洲和心滩两部分，其他全部为沙质边滩。

根据河床洲滩组成不同，本河段洲滩可以分为：卵砾夹沙洲滩、沙质心滩、沙土质江心洲、沙质边滩、沙土质边滩。

（1）卵砾夹沙洲滩。如芦家河浅滩、董市洲、柳条洲等，主要特征是，洲头为粗颗粒卵石，洲面高程较低，洲尾组成颗粒较细，高程较高，如董市洲和柳条洲表面组成物从上而下依次是卵石、卵石夹沙、黏土。本次调查，芦家河浅滩的河心碛坝床沙组成为卵石夹沙；董市洲床沙组成为：洲头卵石夹沙，洲尾黏土覆盖，覆盖层表面高程在39m（85基准）以上。马家店心滩零星沿流向散布，露出水面高度不足2m，单个个体露出水面面积不超过3000m²，河床组成为卵石夹沙，柳条洲与董市洲河床组成类似，洲头卵石夹沙，洲尾黏土覆盖，黏土覆盖层表面高程在黄海85基准40m以上。砂卵石洲滩表层不同组成面积统计值见表3.1-3。

表 3.1-3　　　　　　　　　砂卵石洲滩表层不同组成面积统计表

洲滩名称	类型	总面积/km²	卵　石		沙　砾		土		等高线
			面积/km²	百分比/%	面积/km²	百分比/%	面积/km²	百分比/%	
芦家河浅滩	心滩	0.466	0.277	59.4	0.189	40.6			35m
董市洲	心滩	1.23	0.94	76.4	0.17	13.8	0.12	9.8	33m
马家店	心滩			100					33m
柳条洲	心滩	1.96	0.67	34.2	0.47	24	0.82	41.8	32m

注：1. 等高线高程用 1985 年国家高程基准，下同。

2. 马家店心滩为零星露出，未统计面积。

（2）沙质心滩。整个滩面为中细沙，例如，太平口心滩、三八滩（1998 年前三八滩有卵砾石，2000 年后老三八滩冲毁，新滩未发现卵砾石堆积）、蛟子渊心滩、天星洲、人民洲心滩（团凤河段）等。

（3）沙土质江心洲。多发育在河床弯曲段，如沙市河弯的金城洲、马家咀河弯的突起洲（1998 年大洪水前洲上曾散落卵砾石，1998 年后未发现卵砾石）、监利河弯的乌龟洲、武汉市天兴洲，一般洲头低滩部分为沙，中、尾部高滩部分为土。

（4）沙质边滩。整个滩面由中细沙组成，一般发育在老洲的边缘。例如，太平口边滩、马家寨边滩、鱼尾洲边滩、季家咀边滩、新沙洲等。

（5）沙土质边滩。例如，火箭洲、马羊洲、张家洲等，部分洲滩表层不同组成面积统计见表 3.1-4。

本次调查发现，公安县南五洲边滩为极细黏土，层理清晰。

表 3.1-4　　　　　　　　　　泥沙质洲滩表层不同组成面积统计

洲滩名称	类型	总面积 /km²	土		沙		等高线 /m	备　注
			面积/km²	百分比/%	面积/km²	百分比/%		
火箭洲	边滩	2.16	1.28	59.3	0.88	40.7	31	
马羊洲	边滩	8.15	7.07	86.7	1.08	13.3		
太平口心滩	心滩	0.81			0.81	100	30	
三八滩	心滩	0.17			0.17	100	30	
金城洲	江心洲	2.19			2.09	95.4	29	其他为人工建筑物
突起洲	江心洲	9.41	3.34	35.5	6.05	64.3	28	
蛟子渊	心滩 边滩	4.57	2	43.8	2.57	56.2	27	
天星洲	心滩	12.1	9.41	77.8	2.69	22.2	28	
五虎朝阳	心滩	3.4		100			30	
鱼尾洲	边滩	2.27				100	27	
季家咀	边滩	0.15				100	27	
乌龟洲	江心洲	7.52	7.0	93.1	0.52	6.9		
新沙洲	心滩	0.92				100	27	
荆江门	心滩	0.39	0.32	82	0.07	18	25	
孙良洲	心滩	7.87	93.4		0.52	6.6	25	
八姓洲	心滩	0.85				100	20	

注：城陵矶至湖口段未进行洲滩河床组成分界测绘，故未作本项统计。

凡高水期远离主流的滞水区域，特别是长有植被的较高滩面，主要为细颗粒泥沙沉积，多为黏土、泥质组成，如火箭洲、马羊洲、五虎朝阳、乌龟洲、南门洲、单家洲等；而高水期处于比较畅流的水域，且没有植被覆盖，滩面较低的洲滩，则多为粗粒泥沙堆积，如太平口心滩、鱼尾洲边滩、人民洲心滩等。

3.1.1.3　取样点布置

根据调查河段河势及洲滩表层组成调查情况，本次取样布设试（探）坑 39 个，涉及洲滩 25 个，见表 3.1-5，坑位及河势图见图 3.1-1～图 3.1-3。

表 3.1-5　　　　　　　　　　深层床沙取样坑位平面坐标及坑面高程

序号	坑名	滩名	坑　面　坐　标		
			X/m	Y/m	坑面高程（1985 基准）/m
1	PT01	芦家河浅滩	3358858	37560322	36.9
2	PT02	芦家河浅滩	3359564	37560790	36.5
3	PT03	董市洲	3364498	37565761	37.2
4	PT04	马家店心滩	3366163	37574169	34.2
5	PT04-1	马家店心滩	3366237	37574658	33.6

续表

序号	坑名	滩名	坑面坐标		
			X/m	Y/m	坑面高程（1985基准）/m
6	PT05	柳条洲	3366363	37577378	33.1
7	PT05-1	柳条洲	3366685	37578919	35.3
8	PT05-2	柳条洲	3366501	37578945	33.0
9	PT05-3	柳条洲	3366765	37578840	32.9
10	PT05-4	火箭洲	3357600	37591123	33.5
11	PT06	马羊洲	3352677	37595104	32.4
12	PT06-1	马羊洲	3353213	37594851	31.9
13	PT07	马羊洲	3352384	37601171	33.4
14	PT08	太平口心滩	3353759	37608658	35.1
15	PT08-1	三八滩	3355441	37617319	31.2
16	PT08-2	金城洲	3349356	37623137	31.2
17	PT09	突起洲	3339279	37616529	29.9
18	PT09-1	突起洲	3339150	37616454	31.2
19	PT10	突起洲	3336759	37614420	32.8
20	PT11	突起洲	3332882	37615122	43.0
21	PT12	南五洲	3326250	37632410	31.6
22	PT13	南五洲	3323171	37634655	30.4
23	PT14	南五洲	3319355	37636165	30.9
24	PT14-1	蛟子渊心滩	3316062	37637464	30.0
25	PT14-2	天星洲	3306138	37634290	30.0
26	PT14-3	五虎朝阳心滩	3292993	37633758	29.2
27	PT15	鱼尾洲	3292581	37635435	28.7
28	PT16	鱼尾洲	3294954	37638276	29.1
29	PT17	南碾子湾	3296024	37640513	34.0
30	PT18	柳口	3291535	38379090	29.0
31	PT18-1	季家咀	3287643	38366718	28.7
32	PT19	兔儿洲	3292310	38382895	27.3
33	PT20	兔儿洲	3294621	38386061	27.5
34	PT20-1	新沙洲	3296933	38393666	27.0
35	PT21	白沙套	3272435	38395829	27.1
36	PT22	新提子边滩	3268719	38396818	32.2
37	PT23	荆江门	3262360	38397292	25.5
38	PT23-1	孙良洲	3266292	38403515	25.3
39	PT23-2	八姓洲	3259129	38409463	21.8

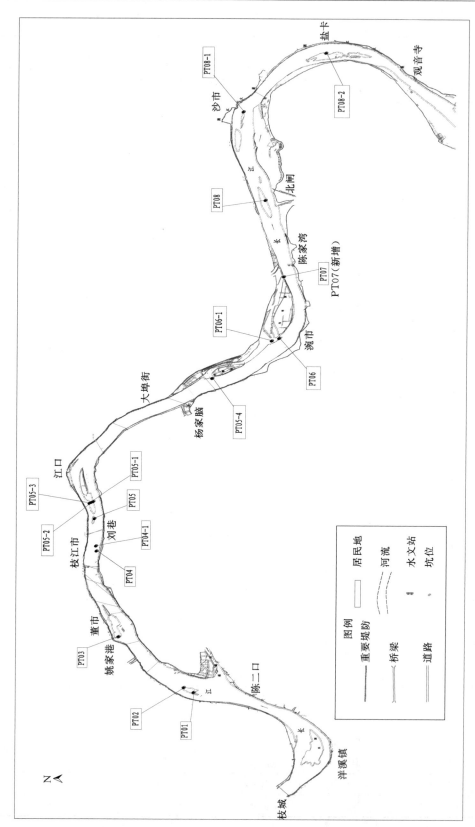

图 3.1-1 枝城至观音寺试（探）坑位置图

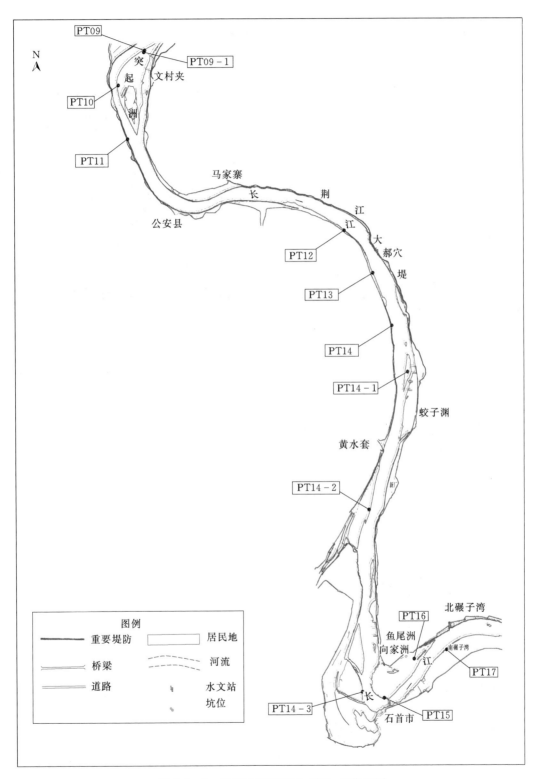

图 3.1-2　观音寺至石首试（探）坑位置图

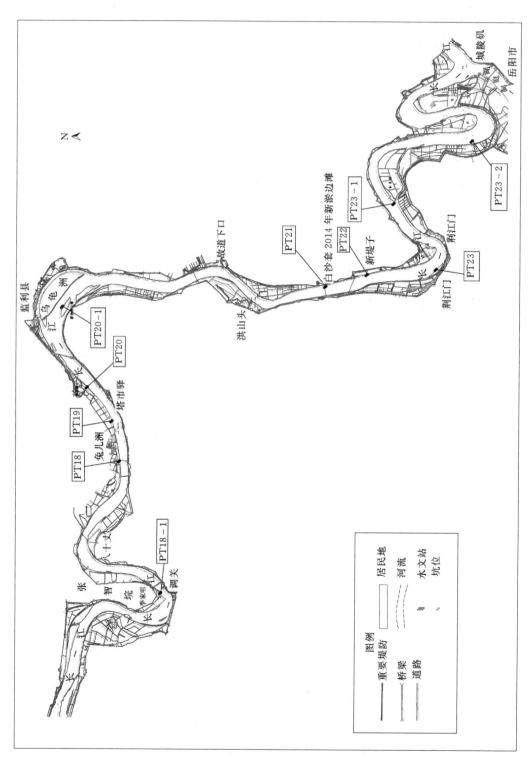

图 3.1－3　北碾子湾至城陵矶试（探）坑位置图

3.1.1.4　床沙试（探）坑的布设及规格

1. 试（探）坑的布设原则

在沿程卵、砾、沙、泥等组成的较大边滩、心滩上布设试坑，并视洲滩大小与组成分布变化，分别布设1～3个坑位。如一个洲滩只布设1个坑位时，则需选择在洲头上半部近水坡自枯水面至洲顶3/5～4/5的洲脊处；一滩布多坑时，各坑分别选择在需要代表某种组成的中心部分，并确定代表部位的面积；原计划布坑后仍遗留局部较典型组成床面则需采用"散点法"取样，如洲头、洲外侧枯水主流冲刷切割形成的洲坝、洲尾细粒泥沙堆积区等部位。

取样点应尽量选择在大型洲滩和新近堆积床沙的部位，以"选大少选小、选新不选老"为原则，力求代表性高，尽量避免人为干扰区。坑位选点一般通过室内图上作业和现场查勘确定，以现场查勘为主，图3.1-4所示为现场查勘作业。本次坑位主要依据洲滩可动层的情况来布设，布置在常年淹没线以下，枯水河槽以上，坑面略高于作业时水面线。

图 3.1-4　试（探）坑选点查勘

2. 坑面大小

一般不小于坑位表面最大颗粒中径8倍左右的长度作为坑面正方形的边长，根据本河段特性，坑面正方形边长约定为1m，见图3.1-5。

3. 试坑深度

卵石坑深度一般要求1.5m，沙土坑深度一般要求2.0m。如坑内床沙组成较为复杂，需增加深度0.5m。若洲滩沿深度组成分布较均匀，则取样深度可控制在0.5～1.0m内。坑底透水层以上沙样有效，透水层以下一般不取样。

散点法是对试坑法的补充和完善。在代表性部位挖取一个小坑，取出小坑内全部床沙样进行筛分析，其数量应视样品级配范围而定，一般采集样品30～100kg，采集水边样时，需观察估测细粒泥沙的比例。"散点法"开挖深度代表性不足时，现场可改为深坑。如本次现场勘测发现，近年来本河段卵石洲滩大部分因建筑骨料开采而被扰动，新的粗化层（壳）厚度大多在0.5m左右。

图 3.1-5 标准探（试）坑表层定位图

3.1.1.5 试（探）坑各分层厚度

1. 卵石坑取样分层厚度

表层：采用撒粉法或染色法确定面层样品，并逐一揭起沾有粉色的卵、砾、沙、泥土样品，作一单元层。

次表层：挖取表层以下最大颗，以其中值粒径值为开挖厚度，一般取 0.2m；沙土质洲滩，次表层一般在 0.5m 处取样，即第二单元层。

深层：深层可分为多个单元层，应在次表层以下可视沿深度组成变化，按 0.2～0.5m、0.5～1.0m、1.0～1.5m、1.5～2.0m 等不同厚度分层；砂土质按 0.5m、1.0m、1.5m、2.0m 等深度取深层样。

2. 沙土质坑取样深度

沙土质坑一般按 0m、0.5m、1.0m、1.5m、2.0m 等深度取样，如遇层理清晰的试坑，按层理取样。

图 3.1-6 试（探）坑分层定位图

3.1.1.6　颗粒分析

按单元层分别进行颗粒级配分析，颗粒分析粒径组为：350mm、300mm、250mm、200mm、150mm、100mm、75mm、50mm、25mm、10mm、5mm、2mm 等多组。2mm以下细颗粒级配组按规范规定执行，2mm 以上颗粒分析粒径组与现行规范不相符（见图3.1-7）。对 75mm 及以上组而言，比现行规范要求分级更多一些，比较切合实际；75mm 至 2mm 颗粒，分析的组相同，每级的范围略大，对分析精度影响不大。

$D>2mm$ 沙样　　　　　　　　　　$D<2mm$ 沙样

图 3.1-7　颗粒分析作业

3.1.2　河床组成分布特征

本次床沙取样试（探）坑大体分为以下四种：

第一种为卵石夹沙坑，分布河段在松滋口至江口段。典型试（探）坑样本泥沙级配比较宽，松滋口至江口段为卵石夹沙，以董市洲 P03 坑为例，最小颗粒粒径 0.062mm，最大颗粒粒径 171mm，没有发现颗粒粒径全部大于 2mm 的卵石坑。

第二种为沙质坑，典型试（探）坑样本泥沙粒径为 $0.062\sim2.0$mm，0.062mm 以下的泥沙所占比例小于 10%，D_{50} 一般大于 0.15mm。江口至城陵矶河段大部分心滩上的探坑主要组成物为沙质。

第三种为黏性土坑，南五洲边滩等洲老滩上的试（探）坑多数属黏性土坑，例如PT11、PT12 试（探）坑等，样本泥沙粒径为 $0.004\sim1.0$mm，粒径小于 0.062mm 以下的泥沙所占比例达 80% 以上，D_{50} 在 $0.013\sim0.033$mm 间变化。

第四种为黏性土层与沙层同时出现的试（探）坑，典型试（探）坑出现在南碛子湾边滩等洲滩上，典型试（探）坑有 PT17 等，样本泥沙粒径为 $0.004\sim2.00$mm，粒径0.062mm 以下的泥沙所占比例比较大，层理比较清晰，以 PT17 坑为例，坑深 2.0m，每隔 0.5m 取一个样，其中有三层是沙，两层为黏性土夹沙。

3.1.2.1　表层及洲体床沙沿程分布特征

以各个试（探）坑分层床沙特征粒径 D_{50}、$D_{平均}$ 为代表粒径，分析杨家脑至城陵矶洲滩床沙组成物沿程变化。表 3.1－6 及图 3.1－8 为典型洲滩床沙特征粒径的沿程变化。由此可知：无论是洲体（约定为坑平均）组成，还是表层组成，D_{50} 和 $D_{平均}$ 均值均沿一条下降趋势线呈锯齿状波动。上游波动幅度明显比下游大，这与洲滩组成物的复杂性有关，上游泥沙级配宽，下游泥沙级配窄，对应其波动幅度而言，必然是上游波动幅度大，下游波动幅度小。洲体 D_{50}、洲体 $D_{平均}$、表层 D_{50}、表层 $D_{平均}$ 四个系列粒径沿程分布趋势性一致，均表现为上游粗下游细，符合一般规律。

表 3.1－6　　　　　　　　　　　典型洲滩床沙特征粒径的沿程变化

洲滩名称	代表固断号	距葛洲坝轴线距离/km	表　面/mm		洲　　体/mm		
			D_{50}	$D_{平均}$	D_{50}	$D_{平均}$	D_{max}
芦家河	董5	79.5	66.4	69.4	71.2	68.8	210
董市洲	董10	87.5	65.0	60.9	68.7	63.6	171
马家店心滩	荆16	96.7	42.8	42.9	24.4	35.4	133
柳条洲	江3	100.0	41.2	41.7	27.4	36.4	146.0
火箭洲	涴1	117.9	0.134	0.156	0.202	0.184	1.0
马羊洲	荆27	124.5	0.265	0.260	0.209	0.197	1.0
马羊洲	荆27	125.0	0.269	0.271	0.251	0.241	2.0
马羊洲	荆29	131.7	0.055	0.088	0.023	0.054	0.656
太平口心滩	荆32	139.4	0.251	0.241	0.237	0.225	2.0
三八滩	荆42	148.7	0.217	0.197	0.212	0.193	2.0
金城洲	荆47	157.6	0.232	0.216	0.222	0.201	2.0
突起洲	荆55	170.9	0.293	0.294	0.277	0.276	1.0
突起洲	荆55	171.0	0.294	0.29	0.297	0.294	2.0
突起洲	荆56	174.7	0.228	0.23	0.152	0.171	2.0
突起洲*	荆59	177.8	0.005	0.022	0.013	0.030	0.626
南五洲*	荆72	198.5	0.027	0.044	0.012	0.034	0.654
南五洲	荆75	202.9	0.116	0.142	0.033	0.062	1.0
南五洲	荆77	207.5	0.238	0.212	0.221	0.201	2.0
蛟子渊心滩	荆79	210.9	0.246	0.233	0.231	0.216	1.0
天星洲	荆83	221.2	0.214	0.192	0.193	0.183	2.0
五虎朝阳心滩	荆92	234.9	0.159	0.159	0.133	0.15	2.0
鱼尾洲	荆95	236.6	0.217	0.197	0.214	0.203	2.0
鱼尾洲	荆98	240.6	0.170	0.173	0.159	0.171	2.0
南碾子湾	荆99	243.1	0.048	0.082	0.202	0.166	2.0
季家咀	荆122	269.2	0.239	0.222	0.214	0.201	1.0
柳口	荆134	288.1	0.158	0.181	0.132	0.142	2.0
兔儿洲*	荆136	292.2	0.012	0.034	0.025	0.043	0.636
兔儿洲*	荆138	296.4	0.019	0.032	0.022	0.034	0.574
新沙洲	荆144	307.8	0.236	0.219	0.239	0.223	1.0
白沙套	荆169	337.0	0.174	0.165	0.166	0.169	2.0

续表

洲滩名称	代表固断号	距葛洲坝轴线距离/km	表　面/mm		洲　体/mm		
			D_{50}	$D_{平均}$	D_{50}	$D_{平均}$	D_{max}
新提子边滩*	利5	341.0	0.021	0.045	0.014	0.035	0.642
荆江门*	荆172	347.0	0.014	0.026	0.029	0.066	2.0
孙良洲	荆176	355.6	0.236	0.218	0.227	0.210	2.0
八姓洲	荆179	370.0	0.186	0.174	0.170	0.172	1.0

注：1. 洲体 D_{50} 取各坑坑平均之算术平均值，表层 D_{50} 取各坑表层中相应数值。

　　2. 洲滩名称后缀"*"者，组成物主要是黏土。

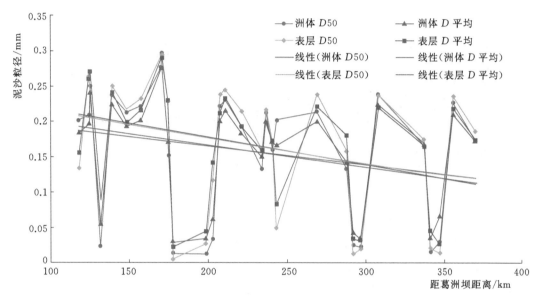

图 3.1-8　杨家脑至城陵矶河段床沙特征粒径沿程变化图

按河段分别统计各河段床沙级配，见表 3.1-7。各粒径组所占比例沿程波动较大，就大趋势性而言泥沙沿程也是变细的。小范围而言沿程细化现象不明显，这与床沙取样位置、探坑密度、沿程水沙条件等有关系。

表 3.1-7　　　　　　2015 年杨家脑至城陵矶河段洲滩沙质床沙平均级配统计

河　段	小于某粒径沙重百分数/%									
	0.004mm	0.008mm	0.016mm	0.031mm	0.062mm	0.125mm	0.250mm	0.500mm	1.00mm	2.00mm
杨家脑—沙市	2.1	4.0	6.7	9.9	13.1	17.9	75.2	99.7	100	
沙市—藕池口	5.5	10.1	16.2	22.2	27.6	35.7	74.6	99.6	100	
藕池口—调关	0.6	1.2	2.4	4.1	7.1	20.8	88.3	99.6	99.9	100
调关—荆江门	7.6	16.2	29.5	43.4	56.4	68.9	91.1	99.6	100	
荆江门—城陵矶					0.1	5.5	85.6	99.9	100	

注：表中数据为统计河段内各坑平均值的算术平均值。

3.1.2.2　床沙粒径沿深度分布特征

取样河段内洲滩试（探）坑的表面（表层）与深层床沙级配见图 3.1-9。床沙粒径

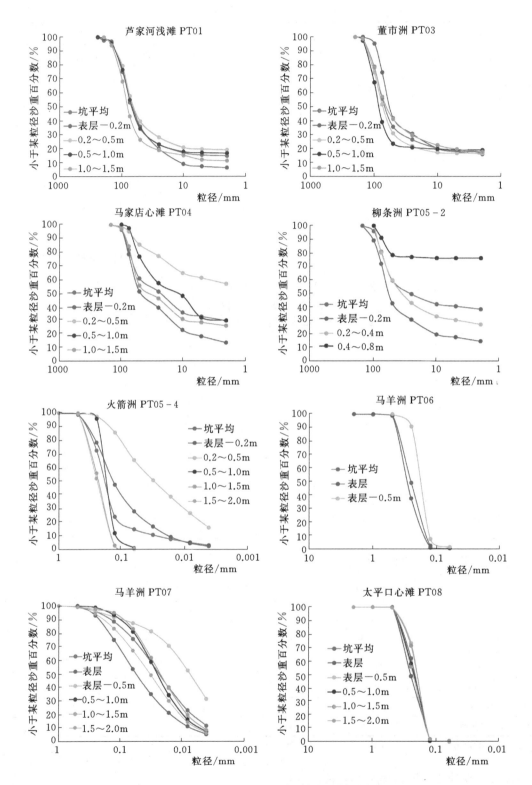

图 3.1-9（一）　洲滩试坑表层与深层床沙级配

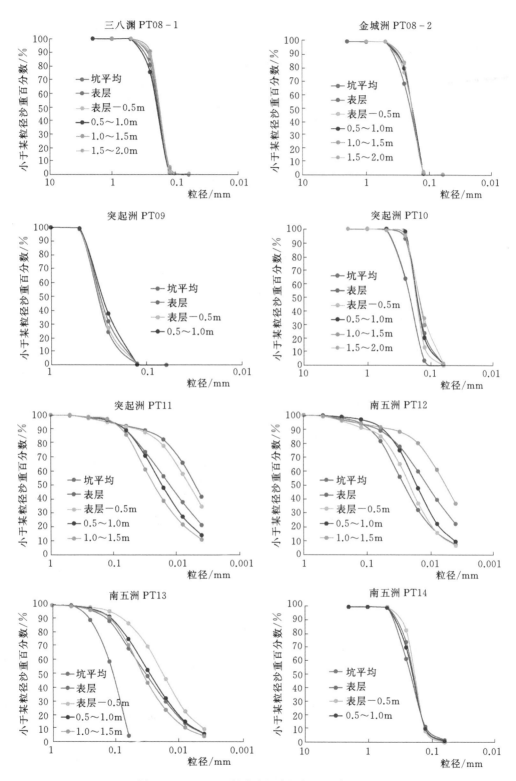

图 3.1-9（二） 洲滩试坑表层与深层床沙级配

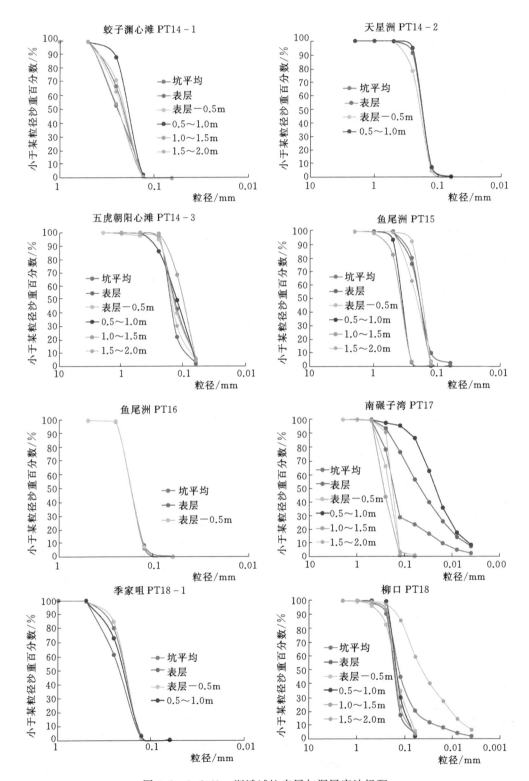

图 3.1 - 9（三） 洲滩试坑表层与深层床沙级配

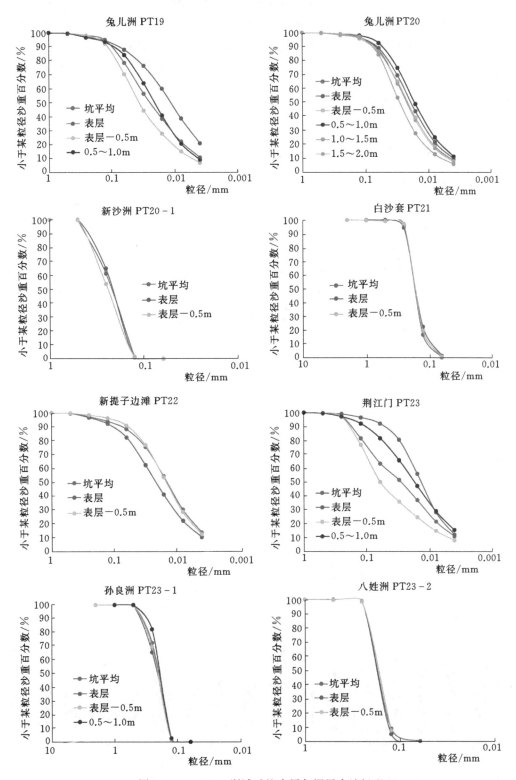

图 3.1-9（四）　洲滩试坑表层与深层床沙级配

沿深度分布与试（探）坑的位置及所处河段冲淤状态密切相关，如不同坑中同层粒径则波动较大，这种较大波动即为坑位布置或坑位密度不够所导致的。从图 3.1-9 中可见，多数试（探）坑表层级配略粗，尤其是上游砂卵石河段，下游沙质河床表层粗化不明显，层与层间河床质组成差别不是太大。

3.1.3 河床组成粗化特征

3.1.3.1 砂卵石河床粗化特征

砂卵石河床粗化的主要特征有两个方面：一方面是当地床沙粗化，逐渐由砂卵石河床粗化为卵石夹沙河床；另一方面是砂卵石河床范围下延，杨家脑以下的河段内床沙也陆续取到卵石，下延的范围在 5km 左右。

长江中游宜昌至枝城河段（以下简称宜枝河段）是山区河流向平原河流的过渡段，河床组成为砂卵石。根据床沙组成分析，一般认为，荆江河段起始端枝城至杨家脑段为这一过渡段的尾端，床沙组成的砂卵石特征并不明显，2003 年该段河床组成成果显示，17 个典型断面床沙组成中小于 0.25mm 的颗粒沙重百分数均在 40% 以上，平均达到 69%；随着冲刷的不断发展，河床粗化的现象十分明显，至 2010 年（2012 年该段床沙未取样分析，2014 年多个断面未能取到床沙或是河床组成复杂，无法给出断面平均值），17 个典型断面床沙组成中小于 0.25mm 的颗粒沙重百分数均不超过 48%，12 个断面的床沙组成中小于 0.25mm 的颗粒沙重百分数均不超过 30%，河段平均值下降至 24.4%，床沙中值粒径普遍增大，部分断面床沙中值粒径粗化至卵石水平（见图 3.1-10 和表 3.1-8）。

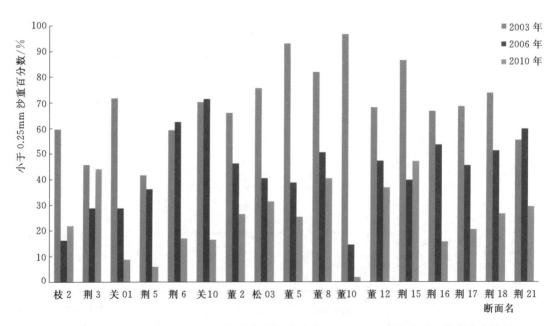

图 3.1-10　枝城至杨家脑河段不同年份各断面床沙小于 0.25mm 颗粒沙重百分数变化情况

表 3.1-8							枝城至杨家脑河段典型断面床沙 D_{50} 变化									单位：mm		
断面名称 年份	枝 2	荆 3	关 01	荆 5	荆 6	关 10	董 2	松 03	董 5	董 8	董 10	董 12	荆 15	荆 16	荆 17	荆 18	荆 21
2003	0.235	0.259	0.217	0.281	0.232	0.231	0.217	0.092	0.159	0.156	0.179	0.185	0.188	0.212	0.208	0.181	0.238
2010	0.365	0.261	0.419	0.522	0.364	0.337	0.287	0.285	0.311	0.260	59.2	0.294	0.254	17.7	0.338	0.292	0.288

3.1.3.2　沙质河床粗化特征

沙质河床床沙粗化特征较为简单，即断面粗颗粒泥沙占比增加，细颗粒泥沙占比减小，床沙中值粒径增大。

统计荆江沙质河床 77 个固定断面床沙小于 0.25mm 颗粒沙重百分数的变化情况来看，荆江沙质河段的床沙组成具有上段总体偏粗，下段总体偏细的基本特征，分界点位于荆 83 断面附近（公安河段与石首河段的分界点）。2003 年汛后荆 25+1 至荆 83 断面床沙小于 0.25mm 颗粒沙重百分数为 68.8%，至 2014 年减小为 56.1%，减小了 12.7 个百分点；2003 年汛后荆 83 至荆 186（下荆江）断面床沙小于 0.25mm 颗粒沙重百分数为 86.5%，至 2014 年减小为 81.5%，减小了 5 个百分点。上荆江沙质河床的床沙粗化程度较下荆江偏大（见图 3.1-11）。

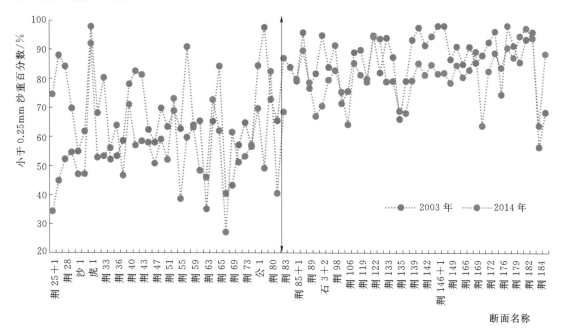

图 3.1-11　荆江河段典型断面床沙小于 0.125mm 颗粒沙重百分数变化图

从断面床沙中值粒径的变化情况来看，至 2014 年汛后，77 个实测断面中，有 65 个断面的床沙中值粒径相较于 2003 年汛后增大，床沙粗化比例占 84.4%。

可见，三峡水库蓄水后，整个荆江河段河床床沙粗化的现象极为明显。粗化的主要特征表现为细颗粒泥沙占比下降，床沙中值粒径普遍增大，河床粗化自上而下发展，上荆江的粗化程度大于下荆江。

3.1.4 床沙粗化与河床冲刷关系

3.1.4.1 与河床冲刷量的关系

三峡水库蓄水以来，荆江各河段均处于冲刷状态，伴随着河床冲刷的不断进行，床沙必然会发生粗化现象。初步建立床沙粗化与河床冲刷的相关关系如图 3.1－12，所统计的数据主要是 2003—2012 年（2014 年枝江河段多次无法取到床沙）汛后床沙观测数据，取样点主要分布在中枯水河槽。从河床枯水河槽累积冲淤量与汛后床沙中小于 0.25mm 颗粒沙重百分数的相关关系来看，各个河段河床枯水河槽的冲刷量均累积增加，相应汛后床沙中小于 0.25mm 颗粒沙重百分数也不断减小，两者存在较为明显的负相关关系，整个荆江河段河床累计冲刷量与床沙中小于 0.25mm 颗粒沙重百分数相关关系的系数达到 0.91。期间，上荆江的枝江河段、沙市河段冲刷强度较其他各段偏大，其河床累计冲刷量与床沙中值粒径相关关系也较其他河段要好，相关系数在 0.88 以上，尤其是沙市河段，位于坝下游沙质河床起

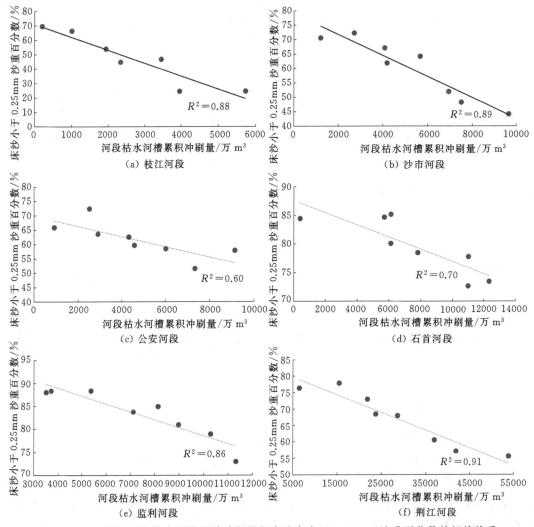

图 3.1－12 荆江河段枯水河槽累计冲淤量与床沙中小于 0.25mm 沙重百分数的相关关系

始段，冲刷发展极为迅速，相关系数达到 0.89。冲刷强度相对较小的河段，河床冲刷与床沙粗化的关系略差一些，但负相关关系依然存在，相关系数基本在 0.60 以上。

整体而言，荆江各河段河床枯水河槽累计冲淤量与汛后床沙中小于 0.25mm 颗粒沙重百分数相关关系的系数呈现上游大于下游的特征，与河床冲刷自上而下发展的特征基本对应。可以预见，伴随着冲刷强度的下移，下荆江河段河床中值粒径粗化现象将会更加明显，这与上节对床沙粗化现象的分析结论基本一致。

3.1.4.2　与河床下切幅度的关系

三峡水库蓄水后，荆江河段河床冲刷以河槽的下切为主要特征，加之固定断面的床沙取样也主要集中在河槽内，因此，可以认为，除了总冲刷量以外，河床的粗化程度与高程的下切幅度也应存在一定的对应关系，河床冲刷下切的过程，应是细沙不断悬浮冲走，粗沙沉积下来的过程。为此，建立了荆江各个河段的河床冲刷下切幅度与床沙中小于 0.25mm 颗粒沙重百分数的相关关系，如图 3.1－13，与河床累积冲刷量关系类似，枯水

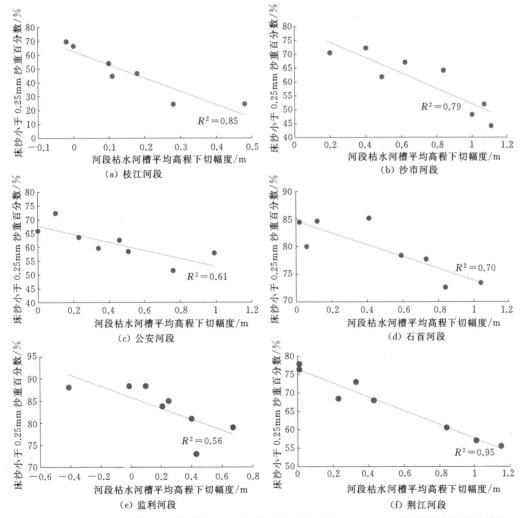

图 3.1－13　荆江河段枯水河槽平均高程下切幅度与床沙中小于 0.25mm 沙重百分数相关关系

河槽高程下切幅度与床沙中小于 0.25mm 颗粒沙重百分数也存在负相关关系，且就整个荆江河段而言，这种相关性比与累积冲刷量的关系还高一些，相关系数在 0.95 左右。分河段而言，沿程的规律与上节的也基本类似，枝江河段、沙市河段的相关性更强一些，下游其他的几个河段则略差一些，河床冲刷自上而下发展，床沙粗化也与之对应。

同时，笔者研究团队也意识到，这种负相关关系显然不会是一种持续性发展的现象，河床的冲刷和粗化都是对来水来沙条件的一种响应，当遭遇大水年之后，河床冲刷和粗化极有可能都提高到另一个水平，但二者的内在联系会依然存在。

综上来看，荆江河段冲刷发展的初期，河床粗化的现象是十分明显的，粗化自上而下发展，以细颗粒泥沙含量减少和中值粒径增大为主要特征，与河床冲刷强度也存在较好的相关关系。

3.2 荆江河床冲刷粗化计算方法

至目前为止，对于卵石河床或者卵石夹沙河床冲刷粗化的研究较多，对其认识也基本一致，其冲刷粗化的平衡状态是稳定的抗冲粗化层形成，此时床面能够被起动的泥沙很少，水流与泥沙的相互作用过程可以认为是非均匀沙的临界起动条件。

3.2.1 河床质起动流速计算

泥沙起动是在一定条件下的一个过程，给定一个起动标准就有一个起动流速，因此起动流速实际上带有一定的约定性质。

根据文献研究的起动标准，给出的卵石起动流速按非均匀颗粒起动理论公式计算，其起动以相对输沙率 $\lambda_{qb,l}$ 为标准。

$$\lambda_{qb,l} = \frac{q_{b,l}}{p_{1,l}\gamma_s D_l \omega_l} = \frac{2}{3}m_0\varepsilon_1\frac{U_{2,l}}{\omega_{1,l}} = F_{b,l}\left(\overline{\frac{V_{b,l}}{\omega_{1,l}}}, \frac{D_l}{\overline{D}}\right) = 0.3\times10^{-6} \quad (3.2-1)$$

即以底部流速表示的起动流速为

$$\frac{V_{b,c,l}}{\omega_{1,l}} = F_{b,l}^{-1}\left(\frac{D_l}{\overline{D}}, 0.3\times10^{-6}\right) \quad (3.2-2)$$

式中：$q_{b,l}$ 为推移质单宽输沙率；D_l 为第 l 组颗粒的粒径；γ_s 为卵石颗粒的容重（一般取 $2650\text{kg/m}^3\times g$）；$\varepsilon_1$ 为起动概率，它是 $\overline{\frac{V_{b,l}}{\omega_{1,l}}}$ 和 $\frac{D_l}{\overline{D}}$ 的函数；$U_{2,l}$ 为第 l 组卵石滚动速度，它也是 $\overline{\frac{V_{b,l}}{\omega_{1,l}}}$ 和 $\frac{D_l}{\overline{D}}$ 的函数；$p_{1,l}$ 为床沙级配，即该组泥沙所占重量的百分数。

$$\omega_{1,l} = \sqrt{\frac{4}{3C_x}\frac{\gamma_s-\gamma}{\gamma}gD_l} = 7.345D_l^{\frac{1}{2}} \quad (3.2-3)$$

式中：$\omega_{1,l}$ 为表征泥沙起动时颗粒的特征速度，m/s；C_x 为颗粒正面推力系数，其值为 0.4；γ 为水的容重；g 为重力加速度。

式（3.2-1）、式（3.2-2）计算颇为复杂，韩其为等曾根据理论公式计算了 $\lambda_{qb,l}$、

$\varepsilon_{1,l}$、$\dfrac{U_{2,l}}{\omega_{1,l}}$ 等。据此求出当 $\lambda_{qb,l}=\lambda_{qb,l,c}=0.3\times10^{-6}$ 时 $V_{b,c,l}$ 与 $\dfrac{D_l}{\overline{D}}$ 的关系见表 3.2-1，只要

知道非均匀床沙中的 D_l，即可由 $\dfrac{D_l}{\overline{D}}$ 查出 $\dfrac{V_{b,c,l}}{\omega_{1,l}}$，得到 $V_{b,c,l}$。以底部流速表示的起动流速

换算至平均流速时采用公式为

$$V_{b,c}=3.73\,\frac{V}{\psi\left(\dfrac{H}{D}\right)}=3.73\,\frac{V}{6.5\left(\dfrac{H}{D}\right)^{\frac{1}{4+\lg\frac{H}{D}}}} \tag{3.2-4}$$

考虑到式（3.2-4），则

$$V_{c,l}=\frac{1}{3.73}V_{b,c,l}\psi\left(\frac{H}{D_l}\right)=0.268\psi\left(\frac{H}{D_l}\right)F_{b,c,l}^{-1}\omega_{1,l} \tag{3.2-5}$$

表 3.2-1　　　　　　　　　　　$\dfrac{D_l}{\overline{D}}$ 与 $\dfrac{V_{b,c,l}}{\omega_{1,l}}$ 关 系

$\dfrac{D_l}{\overline{D}}$	0.25	0.50	0.9	1.00	1.50	2.00	3.00	4.00	5.00	7.46	10.0
$\dfrac{V_{b,c,l}}{\omega_{1,l}}$	0.304	0.293	0.286	0.282	0.271	0.266	0.262	0.260	0.247	0.235	0.222

笔者感兴趣的是至极限平衡状态下的情况，此时卵石颗粒的粒径范围窄，最小粗化粒径 D_l 与平均粒径 $\overline{D}$ 差别较小，一般 $\dfrac{D_l}{\overline{D}}$ 为 $0.5\sim0.9$，从安全考虑暂取 0.61，则 $\dfrac{V_{b,c,l}}{\omega_{1,l}}=F_{b,c,l}^{-1}=0.291$。这样式（3.2-5）为

$$V_{c,l}=0.268\times0.291\omega_{1,l}\psi\left(\frac{H}{D_l}\right)=0.0780\omega_{1,l}\psi\left(\frac{H}{D_l}\right) \tag{3.2-6}$$

3.2.2　卵石粗化计算

床沙粗化有两种机理：一种是由于本地床沙遭受冲刷时发生分选，细颗粒冲起多，粗颗粒冲起少，从而使剩下的床沙变粗，此谓冲刷粗化；另一种是交换粗化，即上游输移来的粗颗粒与本地细颗粒交换，从而发生粗化，致使床沙中的最大颗粒可以大于原来的。对于宜昌—枝城河段的粗化计算只考虑冲刷粗化；交换粗化发生后一般使冲刷深度小于冲刷粗化。因此只考虑冲刷粗化将使计算结果偏于安全。

粗化计算的依据仍是式（3.2-1）。根据理论结果可导出上述公式，对卵石推移质可简化成

$$p_{b,l}q_b=p_{1,l}C_2\gamma_s q^3 J^{\frac{7}{2}}D_l^{-3}/g \tag{3.2-7}$$

式中：q_b 为混合沙推移质单宽输沙率；$p_{b,l}$ 为推移质级配，即该组泥沙所占重量的百分数；q 为单宽流量；J 为能坡，一般可用水面坡降代替；C 为系数。

对式（3.2-7）求和可得

$$q_b=C\gamma_s\frac{q^3}{g}J^{\frac{7}{2}}\sum_{l=1}^{n}\frac{p_{1,l}}{D_l^3}=C\gamma_s\frac{q^3}{g}J^{\frac{7}{2}}\frac{1}{D_M^3} \tag{3.2-8}$$

此处

$$\frac{1}{D_{\mathrm{M}}^3} = \sum_{l=1}^{n} \frac{p_{1,l}}{D_l^3} \tag{3.2-9}$$

比较式（3.2-7）、式（3.2-8）可得推移质级配与床沙级配关系：

$$p_{b,l} = \frac{D_{\mathrm{M}}^3}{D_l^3} p_{1,l} \tag{3.2-10}$$

再将其代入床沙级配变化方程

$$\frac{\mathrm{d}p_{1,l}}{\mathrm{d}t} = \frac{p_{b,l} - p_{1,l}}{W} \frac{\mathrm{d}W}{\mathrm{d}t} \tag{3.2-11}$$

积分并加以改写后遂有

$$p_{1,l} = p_{1,l,0} (1 - \lambda^*)^{(\frac{D_p}{D_l})^3 - 1} = p_{1,l,0} \frac{(1 - \lambda^*)^{(\frac{D_p}{D_l})^3}}{1 - \lambda^*} \tag{3.2-12}$$

$$\lambda^* = \frac{\Delta h}{h_0 + \Delta h_{\mathrm{M}}} \tag{3.2-13}$$

式中：W 为参加冲刷分选床沙重量；$p_{1,l,0}$ 为冲刷开始时该床沙的级配；$p_{1,l}$ 为冲刷后该床沙粗化级配，即粗化层级配；λ^* 为冲刷百分数；Δh_{M} 为最大冲刷深度；h_0 为粗化层厚度。

而 D_p 代表在粗化过程中某个中值粒径，它由

$$1 = \sum_{l=1}^{n} p_{1,l} = \sum_{l=1}^{n} p_{1,l,0} \frac{(1 - \lambda^*)^{(\frac{D_p}{D_l})^3}}{1 - \lambda^*} \tag{3.2-14}$$

确定。实际计算时，不必去求 D_p，可先假设 $(1-\lambda^*)^{D_p^3}$，然后求

$$\lambda^* = 1 - \sum_{l=1}^{n} p_{1,l,0} \big[(1 - \lambda^*)^{D_p^3} \big]^{D_l^{-3}} \tag{3.2-15}$$

从而得到 $p_{1,l}$，为此可计算一组函数关系

$$P_{1,l}(l=1,2,3,\cdots,n) \sim \lambda^* \sim \Delta h \tag{3.2-16}$$

$p_{1,l}$ 即为在冲深 Δh 后的粗化级配，计算 λ^* 时，对于本河段取 $h_0 = D_{\mathrm{M}}$。

上面计算的粗化级配是未考虑细颗粒填充的粒径级配，在实际的冲刷粗化过程中，最小粗化粒径以下是有受粗颗粒荫庇的较细粒径充填其中的。

对于卵石河床，它的抗冲层只有一个最粗的颗粒厚形成表面一层粗化层，该表面一层粗化层较之以下各层来说，密实系数较小（一般只有 0.4），同时细颗粒充填也只充填在这一层的下部。设抗冲层的粗颗粒情况如图 3.2-1 所示，其中 D_0 是粗颗粒级配中的最小粒径，D_{M} 表示粗化层级配中的最大值粒径。D_0 粗颗粒级配中的最小粒径，也是充填颗粒的最大粒径，可以取为充填层的厚度。充填百分数是指 $D < D_0$ 的重量百分数 $P[D < D_0]$。

现取粗颗粒的静密实系数为 0.4，则单位面积上抗冲层粗颗粒的重量为

$$G_c = 0.4 D_{\mathrm{M}} r_s \tag{3.2-17}$$

r_s 为卵石颗粒容重，取为 $2.65\mathrm{t/m^3}$。在充填层中，粗颗粒单位面积的体积为 $0.4D_0$，而充填的细颗粒体积为 $0.6D_0$，这些体积中的泥沙在一般的情况下应延续到悬移质粒径。韩其为院士在干容重的研究时，对细颗粒充填粗颗粒孔隙做了专门研究，证实细颗粒要小于一个数量级才有可能充填。因此对于卵石河床和卵石夹沙河床，若卵石粒径很粗（最大粒径大于 300mm），则有两组充填，$30\mathrm{mm} > D_1 > 10\mathrm{mm}$，$10\mathrm{mm} > D_2 > 1\mathrm{mm}$，若卵石级配

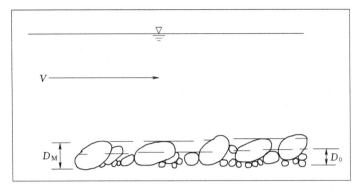

图 3.2 - 1　抗冲层的粗细颗粒示意图

相对较细（最大粒径在 150mm 以下），此时两组充填为 $20\text{mm} > D_1 > 5\text{mm}$，$5\text{mm} > D_2 > 0.5\text{mm}$，相应的容重为 $r'_{s.1}$，$r'_{s.2}$。这样在充填物中代表粒径 D_1 的第 1 组泥沙重量为

$$G_1 = 0.6 D_0 r'_{s.1} + 0.4 D_0 \left(1 - \frac{r'_{s.M}}{r_s}\right) r'_{s.1} \tag{3.2 - 18}$$

因为在厚度为 $0.6D_0$ 内先是 D_1 颗粒充填，其干容重为 $r'_{s.1}$，所以单位面积的重量为 $0.6 D_0 r'_{s.1}$，其次在卵石充填的部分其厚度为 $0.4D_0$，而它的孔隙率为 $\left(1 - \frac{r'_{s.M}}{r_s}\right)$，故粗颗粒（卵石）空隙中尚有 $0.4 D_0 \left(1 - \frac{r'_{s.M}}{r_s}\right) r'_{s.1}$ 的充填物，$r'_{s.M}$ 为粗颗粒的干容重。故第二组充填物 D_2，则只充填第一组颗粒的孔隙，它的体积为 $\left[0.6 D_0 + 0.4 D_0 \left(1 - \frac{r'_{s.M}}{r'_s}\right)\right]\left(1 - \frac{r'_{s.1}}{r_s}\right)$，而 $\left(1 - \frac{r'_{s.M}}{r_s}\right)$ 是粒径组 D_1 的孔隙率。第二充填组的重量为

$$G_2 = \left[0.6 D_0 + 0.4 D_0 \left(1 - \frac{r'_{s.M}}{r'_s}\right)\right]\left(1 - \frac{r'_{s.1}}{r_s}\right) r'_{s.2} \tag{3.2 - 19}$$

其中，$\left[0.6 D_0 + 0.4 D_0 \left(1 - \frac{r'_{s.M}}{r'_s}\right)\right]\left(1 - \frac{r'_{s.1}}{r_s}\right)$ 为第一组充填后剩下的孔隙。

所以第一组充填的颗粒的百分数为

$$P_1(D_1 < D \leqslant D_0) = \frac{G_1}{G_c + G_1 + G_2} \tag{3.2 - 20}$$

把上述各量代入，化简得

$$P_1(D_1 < D \leqslant D_0) = \frac{\left[1.5 + \left(1 - \frac{r'_{s.M}}{r_s}\right)\right] \dfrac{D_0}{D_M} r'_{s.1}}{r_s + \left[1.5 + \left(1 - \frac{r'_{s.M}}{r_s}\right)\right]\left[r'_{s.1} + \left(1 - \frac{r'_{s.1}}{r_s}\right) r'_{s.2}\right] \dfrac{D_0}{D_M}} \tag{3.2 - 21}$$

$$P_2(D_2 < D \leqslant D_1) = \frac{G_2}{G_c + G_1 + G_2} \tag{3.2 - 22}$$

把上述各量代入，化简得

$$P_2(D_2 < D \leqslant D_1) = \frac{\left[1.5 + \left(1 - \dfrac{r'_{s.M}}{r_s}\right)\right]\left[\left(1 - \dfrac{r'_{s.1}}{r_s}\right)r'_{s.2}\dfrac{D_0}{D_M}\right]}{r_s + \left[1.5 + \left(1 - \dfrac{r'_{s.M}}{r_s}\right)\right]\left[r'_{s.1} + \left(1 - \dfrac{r'_{s.1}}{r_s}\right)r'_{s.2}\right]\dfrac{D_0}{D_M}} \tag{3.2-23}$$

此处的 D_2 为充填物中最小粒径。全部充填颗粒所占的百分数为

$$P_0 = P_1 + P_2 = \frac{\left[1.5 + \left(1 - \dfrac{r'_{s.M}}{r_s}\right)\right]\left[r'_{s.1} + \left(1 - \dfrac{r'_{s.1}}{r_s}\right)r'_{s.2}\right]\dfrac{D_0}{D_M}}{r_s + \left[1.5 + \left(1 - \dfrac{r'_{s.M}}{r_s}\right)\right]\left[r'_{s.1} + \left(1 - \dfrac{r'_{s.1}}{r_s}\right)r'_{s.2}\right]\dfrac{D_0}{D_M}} \tag{3.2-24}$$

上述各式中的干容重由下式决定：

$$r'_s = 1.89 - 0.483\exp\left[-\frac{0.095(D - D_c)}{D_c}\right] \tag{3.2-25}$$

其中，D 以 mm 计，参数粒径 $D_c = 1\text{mm}$，干容重以 t/m^3 计。

冲刷后全部床沙累计级配按下式确定：

$$\sum_{l=1}^{n} P_{1.l} = \begin{cases} P_2 & (D_2 < D \leqslant D_1) \\ P_1 + P_2 & (D_1 < D \leqslant D_0) \\ P'_{1.l}(1 - P_1 - P_2) + (P_1 + P_2) \end{cases} \tag{3.2-26}$$

其中，$P'_{1.l}$ 为不考虑充填物的粗颗粒级配，即直接由粗化公式计算出的值。

由粗化层级配计算结果（为考虑填充）可知，最小粗化粒径 D_0 约为 20mm，在本河段最大粒径不超过 150mm，因此两组充填粒径组可考虑 $20\text{mm} > D_1 > 5\text{mm}$，$5\text{mm} > D_2 > 0.5\text{mm}$。第一组充填粒径的范围为 $20\text{mm} > D_1 > 5\text{mm}$，按照式（3.2-25）计算可知，其平均干容重 $r'_{s.1} = 1.68\text{t/m}^3$，第二组充填粒径为 $5\text{mm} > D_2 > 0.5\text{mm}$，平均干容重为 $r'_{s.2} = 1.48\text{t/m}^3$，卵石干容重为 $r'_{s.M} = 1.89\text{t/m}^3$，再根据 $D_0 \approx 20\text{mm}$，$D_M \approx 150\text{mm}$，根据式（3.2-21）、式（3.2-22）可求得

$$P_1(5\text{mm} < D \leqslant 20\text{mm}) = \frac{\left[1.5 + \left(1 - \dfrac{r'_{s.M}}{r_s}\right)\right]\dfrac{D_0}{D_M}r'_{s.1}}{r_s + \left[1.5 + \left(1 - \dfrac{r'_{s.M}}{r_s}\right)\right]\left[r'_{s.1} + \left(1 - \dfrac{r'_{s.1}}{r_s}\right)r'_{s.2}\right]\dfrac{D_0}{D_M}} = \frac{0.392}{3.169} = 0.124$$

$$P_2(0.5\text{mm} < D \leqslant 5\text{mm}) = \frac{\left[1.5 + \left(1 - \dfrac{r'_{s.M}}{r_s}\right)\right]\left[\left(1 - \dfrac{r'_{s.1}}{r_s}\right)r'_{s.2}\dfrac{D_0}{D_M}\right]}{r_s + \left[1.5 + \left(1 - \dfrac{r'_{s.M}}{r_s}\right)\right]\left[r'_{s.1} + \left(1 - \dfrac{r'_{s.1}}{r_s}\right)r'_{s.2}\right]\dfrac{D_0}{D_M}} = \frac{0.127}{3169} = 0.041$$

根据式（3.2-26）对上面的结果进行填充计算，可得粗化层级配。

3.2.3　极限冲刷深度计算

河道冲刷粗化计算要涉及冲刷深度 Δh 及计算断面平均流速变化。

$$V = f(Q, A_0, \Delta h, B) \tag{3.2-27}$$

式中：V 为冲刷后的断面平均流速；A_0 为初始过水断面面积；B 为断面水面宽度；Q 为断面流量。

而由断面平均流速和颗粒的起动流速相等，即

$$V = V_{c.l} \qquad (3.2-28)$$

可以求出冲刷 Δh 后，与水流条件相适应的临界起动粒径 D_l，即床沙中粒径大于 D_l 的泥沙是稳定的，只有小于 D_l 的泥沙可被水流冲走。

当床沙中小于临界不冲粒径泥沙的累计比例不大于 1% 时，认为床沙粗化层基本形成，河床达到极限冲刷深度，即

$$P(D < D_l) \leqslant 1\% \qquad (3.2-29)$$

计算极限冲刷深度时，需要试算，试算可按图 3.2-2 所示流程进行。

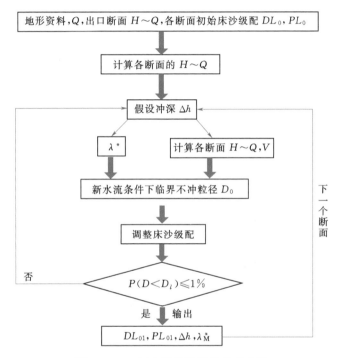

图 3.2-2　河床粗化计算流程示意图

3.3　三峡水库下游砂卵石河床粗化及极限冲刷计算

宜昌至枝城河段河床组成为卵石夹沙，宜昌水文站下游约 37.8km 右岸有流量较小的清江汇入。三峡水库建成后，蓄水初期，水库下泄清水，致使下游河段河床产生普遍冲刷，断面下切，过水面积增大，河床床沙组成粗化，较细颗粒伴随着水流的冲刷作用而带走，留下较粗的颗粒，形成稳定的抗冲粗化层。2010 年以后，宜昌至枝城河段的冲刷粗化过程基本完成，床沙发生明显粗化，因此以该河段作为典型案例研究冲刷粗化是合适的。

3.3.1　代表流量选择与水动力要素计算

水库下游河道的冲刷，主要是由于改变了河道的来水来沙条件，破坏了原有的水沙条件与河道形态的相对平衡，使水流处于非饱和输沙状态，因而要了解河道冲刷状态，必须

知道河道的水流条件。

河道的造床流量是指其造床作用与多年流量过程的综合造床作用相当，而对塑造河床形态起着控制作用的流量，它既不等于最大洪水流量，又不等于枯水流量，因为最大洪水流量虽然造床作用强烈，但时间过短，不能起到塑造河床的控制作用；枯水流量虽时间长，但流量过小，也不能起到塑造河床的控制作用。

根据马卡维也夫公式和造村公式确定造床流量的方法，采用 2003—2012 年宜昌至枝城河段的水文资料，得到该河段第一造床流量分别为 27000m³/s 和 33850m³/s，闫金波等计算了三峡蓄水后 2003—2012 年该河段的第一造床流量为 38000m³/s。

宜昌水文站至枝城河道长约 57.9km，沿程设有 48 个计算断面，各断面的水动力要素插值水流运动方程求得

$$Z_{i,j}=Z_{i,j+1}+\frac{n_{j+1}^2\Delta x_{j+1}}{2}\left(\frac{Q_{i,j+1}^2 B_{i,j+1}^{4/3}}{A_{i,j+1}^{10/3}}+\frac{Q_{i,j}^2 B_{i,j}^{4/3}}{A_{i,j}^{10/3}}\right)+\frac{1}{2g}\left(\frac{Q_{i,j+1}^2}{A_{i,j+1}^2}-\frac{Q_{i,j}^2}{A_{i,j}^2}\right) \quad (3.3-1)$$

式中：Z 为水位，m；Q 为流量，m³/s，沿程各断面的流量由 $Q=Q_{i,j-1}+Q_{i,支}$ 计算，$Q_{i,支}$ 为支流汇入流量；n 为糙率；A 为断面过水面积，m²；B 为断面水面宽度，m；Δx 为断面间距，m；g 为重力加速度；i 为时段编号；j 为断面编号（自上游向下游依次编排）。

3.3.2　冲刷深度验证

开展三峡水库下游河道冲刷粗化研究，分别选择上述三种造床流量结果进行冲刷计算，结果表明选择宜昌至枝城河段的代表流量为 33850m³/s 时能够反映实际冲刷情形。

河道在沿程资料较全的 23 个断面的极限冲刷深度计算结果如图 3.3-1 所示。由图 3.3-1 可知，宜昌至枝城河段，宜昌水文站下游约 27km、33km 和 43km 处冲刷严重，最大冲刷深度分别约为 3.22m、3.95m 和 7.0m，其他河段冲刷深度均为 0.35～2.45m。

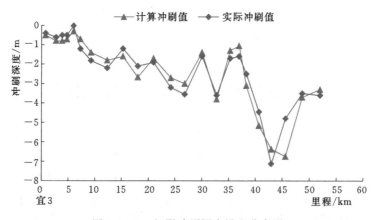

图 3.3-1　极限冲刷深度沿程分布图

对于河段的平均冲刷深度，假设第 i 和 $i+1$ 断面极限冲刷深度分别为 Δh_i、Δh_{i+1}，河宽分别为 B_i、B_{i+1}，则断面冲刷面积分别为：$\Delta A_i=\Delta h_i B_i$、$\Delta A_{i+1}=\Delta h_{i+1}B_{i+1}$。由相邻两断面冲刷面积、断面间距，积分可计算出两断面间的冲刷体积 ΔV_i 和水面面积 A_i，

则某河段的平均冲刷深度为

$$\Delta H = \frac{\sum\limits_{i=1}^{n-1} \Delta V_i}{\sum\limits_{i=1}^{n-1} A_i} (n \text{ 代表从上游至下游断面数})\qquad(3.3-2)$$

由式（3.3-2）可计算宜昌至枝城河段的计算平均极限冲刷深度和实际平均极限冲刷深度分别约为 2.13m、2.45m。

图 3.3-1 显示，各河段冲刷最严重的位置与数学模型计算基本一致，且平均极限冲刷深度与数学模型计算冲刷深度亦接近，因而，反映了数学模型计算方法的可靠性。

3.3.3　粗化级配验证

在代表流量取 33850m³/s 条件下，根据上述模式计算，可得宜昌至枝城河段典型断面考虑细颗粒填充后的粗化层级配如图 3.3-2 至图 3.3-6 所示。

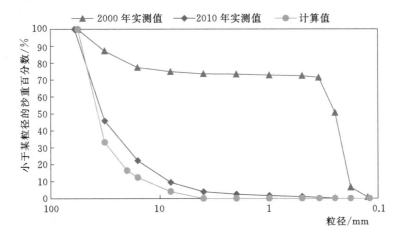

图 3.3-2　昌 13 断面粗化层级配计算结果

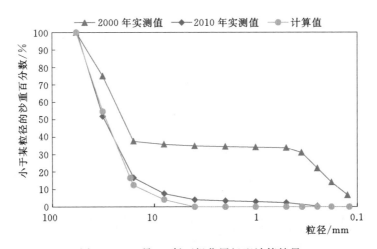

图 3.3-3　昌 14 断面粗化层级配计算结果

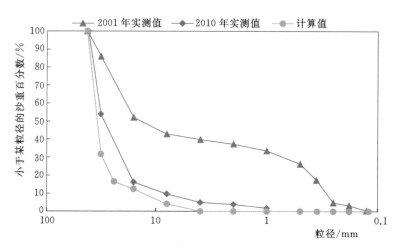

图 3.3-4　宜 47 断面粗化层级配计算结果

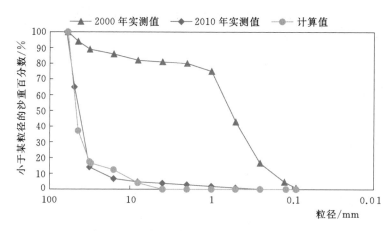

图 3.3-5　宜 51 断面粗化层级配计算结果

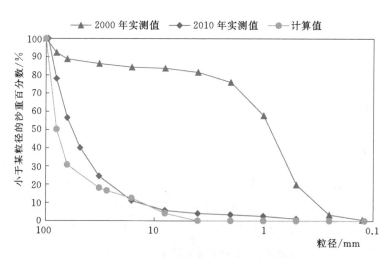

图 3.3-6　宜 59 断面粗化层级配计算结果

比较粗化层级配计算值与 2010 年断面级配实测值可得，本研究方法计算宜昌至枝城河段的河床粗化层级配是可靠的。

3.3.4 极限冲刷预测

在原设计的三峡水库运行方式中，每年的 5 月末至 6 月初，为腾出防洪库容，坝前水位降至汛期防洪限制水位 145m；汛期 6—9 月，水库维持此低水位运行，水库下泄流量与天然情况相同。在遇大洪水时，根据下游防洪需要，水库拦洪蓄水，库水位抬高，洪峰过后，仍降至 145m 运行。汛末 10 月，水库充水，下泄量有所减少，水位逐步升高至 175m，只有在枯水年份，这一蓄水过程延续到 11 月。12 月至次年 4 月，水电站按电网调峰要求运行，水库尽量维持在较高水位。1—4 月，当入库流量低于电站保证出力对流量的要求时，动用调节库容，此时出库流量大于入库流量，库水位逐渐降低，但 4 月末以前水位最低高程不低于 155m，以保证发电水头和上游航道必要的航深。每年 5 月开始进一步降低库水位。在这种调度方式下，可以保证荆江河段防洪风险提高到百年一遇，限定枝城流量不大于 56700m^3/s，考虑宜枝河段清江入汇及沿程沟道汇流，三峡水库出库流量不大于 55000m^3/s。

三峡水库运行以来，为了下游河道防洪安全，减少下游河道超警戒水位的时间，从而使"防洪不上堤"，不仅对 2010 年和 2012 年出现的约 70000m^3/s 的洪峰，进行了大幅度削峰，同时对中小洪水也进行一定拦蓄。如 2010 年，共拦蓄了 7 次洪峰，三次洪峰流量大于 50000m^3/s，其余四次洪峰流量小于 50000m^3/s 也予以拦截，即所谓拦蓄中小洪水。其中 7 月 11 日最大来水流量 38500m^3/s，水库控制下泄流量 32000m^3/s；8 月 21 日控制下泄流量 25000m^3/s，库水位由 147m 上升至 160m 以上。2011 年最大入库洪峰流量 46500m^3/s，但宜昌最大流量仅 28800m^3/s。

假如今后三峡水库恢复至按设计方案运行，则枝城站的造床流量将会增大，三峡下游河道还将继续冲刷。为此本研究计算三峡出库代表流量分别为 40000m^3/s、45000m^3/s 及 50000m^3/s（对应枝城流量 43000m^3/s、47000m^3/s 及 53000m^3/s）情形下的极限冲刷情况。宜枝河段水位计算结果见图 3.3 - 7，河段深泓冲刷深度结果见图 3.3 - 8。

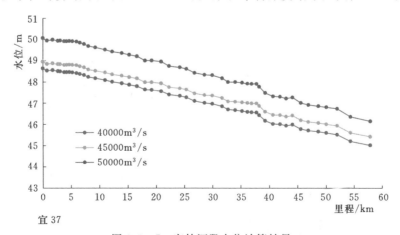

图 3.3 - 7 宜枝河段水位计算结果

当宜昌站代表流量为 40000m^3/s 时，宜昌至枝城河段继续冲深现象明显。冲刷深度

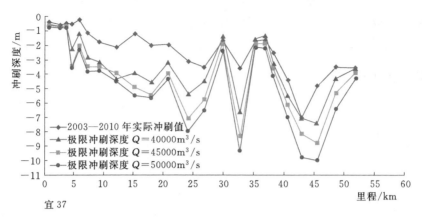

图 3.3-8 宜枝河段极限冲刷深度分布图

沿程较大位置分别在宜 55 断面、宜 61 断面、宜 69 断面和宜 71 断面，计算冲刷深度分别在 5m 以上，最大的冲刷深度是在宜 71 断面处，约冲深 7.0m。

当宜昌站代表流量为 45000m³/s 时，宜昌至枝城河段极限冲刷深度进一步增大。在宜 61 断面、宜 69 断面、宜 71 断面和宜 73 断面，冲刷深度较大，均在 6m 以上，最大冲刷深度在宜 73 断面，为 8.82m，宜 71 断面冲刷深度为 8.17m，仅次于宜 73 断面的冲刷深度。

当宜昌站代表流量为 50000m³/s 时，该河段极限冲刷深度较代表流量为 45000m³/s 下切更大些，宜 55 断面、宜 61 断面、宜 69 断面、宜 71 断面和宜 73 断面冲刷深度均在 7m 以上，其中宜 69 断面冲刷下切深度为 7.0m，宜 73 断面冲刷下切深度最大，为 10.0m。

按河段平均冲刷深度统计，当宜昌站代表流量为 40000m³/s 时，该河段平均冲刷深度为 3.83m，较目前河床稳定阶段的冲刷深度 2.55m，宜枝河段还将冲刷 1.28m；当宜昌站代表流量为 45000m³/s 时，该河段平均冲刷深度为 4.64m，较目前河床稳定阶段的冲刷深度 2.55m，宜枝河段还将冲刷 2.09m；当宜昌站代表流量为 50000m³/s 时，该河段平均冲刷深度为 5.23m，较目前河床稳定阶段的冲刷深度 2.55m，宜枝河段还将冲刷 2.71m。

伴随河床继续冲深的是床沙进一步的粗化，如当宜昌站代表流量为 50000m³/s 时，河床粗化层级配计算结果见图 3.3-9 至图 3.3-11，由此可见典型断面粗化层级配较 2010 年的级配，明显发生粗化。

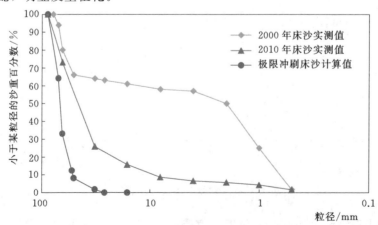

图 3.3-9 昌 12 断面粗化层级配计算结果

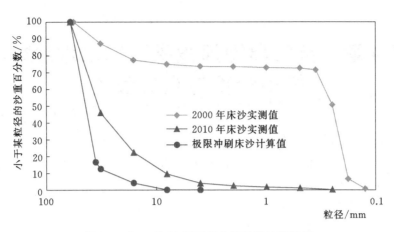

图 3.3-10　昌 13 断面粗化层级配计算结果

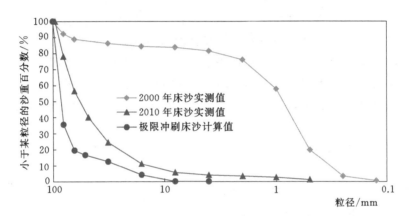

图 3.3-11　宜 59 断面粗化层级配计算结果

第4章　荆江典型河段平面二维水沙数学模型计算与趋势预测

随着计算机技术的发展，河流水沙运动数值模拟技术迅猛发展，数值模拟模型由于周期短、投资少的优势，在河道冲刷下切影响及对策研究中广泛应用。我国的泥沙数学模型——非均匀不平衡输沙一维模型较为成熟，已广泛应用于水库下游河道长时段、长距离的泥沙输移和河床冲淤变化模拟研究；平面二维水沙模型也已较完善，受计算速度的限制，多用于局部河段的水沙问题研究。

本章针对荆江不同河段的河型河势和床面组成特点，以枝城至杨家脑、杨家脑至公安、公安至柴码头、柴码头至陈家马口、陈家马口至城陵矶5个典型河段为研究对象（见表4.0-1及图4.0-1），分别建立荆江各典型河段（包括卵石河床、沙质河床）平面二维水流泥沙数学模型，采用三峡工程运用以来荆江河段河床冲刷下切及固定断面河床组成实测资料，对平面二维水沙数学模型进行校验，改进床沙调整模式，进一步提高了荆江河段冲刷下切平面分布及纵向冲刷幅度的模拟精度，实现了对上、下荆江全河段进行河床演变数值模拟。在此基础上，运用公安至柴码头、柴码头至陈家马口、陈家马口至城陵矶等3个沙质河床的冲淤演变二维数学模型，预测了未来20年的冲淤演变趋势。

表 4.0-1　　　　　　　　　　　计算河段范围表

序号	计 算 河 段	航道里程/km	河段长度/km
1	枝城—杨家脑	570.0～514.0	56
2	杨家脑—公安	514.0～445.0	69
3	公安—柴码头	445.0～373.0	72
4	柴码头—陈家马口	373.0～303.0	70
5	陈家马口—城陵矶	303.0～228.0	75

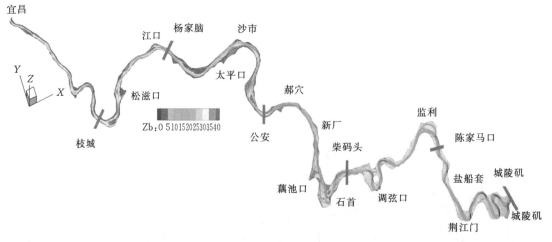

图 4.0-1　荆江典型河段示意图

4.1　杨家脑至公安河段平面二维水沙数学模型计算与趋势预测

4.1.1　数学模型原理

4.1.1.1　模型控制方程

根据水流、泥沙运动、扩散传播基本理论建立起来的模型方程主要包括水流连续和运动方程、泥沙输移和河床冲淤变形方程。

1. 水流连续和运动方程

模型方程采用基于质量守恒和动量守恒定理的 N－S 方程组的水深平均平面二维浅水环流方程。

$$\frac{\partial Z}{\partial t} + \frac{\partial (HU)}{\partial x} + \frac{\partial (HV)}{\partial y} = 0 \tag{4.1-1}$$

$$\frac{\partial HU}{\partial t} + \frac{\partial HUU}{\partial x} + \frac{\partial HVU}{\partial y} + gH\frac{\partial Z}{\partial x} - fHV + \frac{gU\sqrt{U^2+V^2}}{c^2} = \frac{\tau_{sx}}{\rho} + \upsilon_t\left(\frac{\partial^2 HU}{\partial x^2} + \frac{\partial^2 HU}{\partial y^2}\right) \tag{4.1-2}$$

$$\frac{\partial HV}{\partial t} + \frac{\partial HUV}{\partial x} + \frac{\partial HVV}{\partial y} + gH\frac{\partial Z}{\partial y} + fHU + \frac{gV\sqrt{U^2+V^2}}{c^2} = \frac{\tau_{sy}}{\rho} + \upsilon_t\left(\frac{\partial^2 HV}{\partial x^2} + \frac{\partial^2 HV}{\partial y^2}\right) \tag{4.1-3}$$

式中：U、V 分别为垂线平均流速在 x、y 方向上的分量；Z、H 分别为水位和水深；ρ 为水的密度；C 为谢才系数；υ_t 为水流紊动黏性系数；f 为科氏力系数；τ_{sx}、τ_{sy} 为水面风应力。

2. 悬移质泥沙方程

采用目前较为常用的悬移质泥沙连续方程式，即假定非均匀沙第 i 组泥沙同样遵循均匀沙的输移扩散规律，则第 i 组泥沙的输移扩散方程为

$$\frac{\partial HS_i}{\partial t} + \frac{\partial HUS_i}{\partial x} + \frac{\partial HVS_i}{\partial y} = \varepsilon_s\left(\frac{\partial^2 HS_i}{\partial x^2} + \frac{\partial^2 HS_i}{\partial y^2}\right) - \alpha_s\beta_i\omega_i(S_i - S_{*i}) \tag{4.1-4}$$

式中：i 为悬移质泥沙粒径分组；α_s 为悬移质泥沙恢复饱和系数；ε_s 为悬移质泥沙紊动扩散系数；S、S_* 为悬移质含沙量及挟沙力；β 为修正系数，采用下式计算：

$$\beta_i = \begin{cases} 1, & S_i \geqslant S_{*i} \\ P_{bi}, & S_i < S_{*i} \end{cases} \tag{4.1-5}$$

式中：P_{bi} 为床沙级配。

3. 推移质输沙方程

对于推移质，类似悬移质泥沙方程结构，引入一个包含流入、流出沙量差和床沙冲淤交换的连续方程来反映推移质输沙量沿程变化。

推移质运动是间断性的、不连续的，但和悬移质相似，对于某一微小控制体 $\mathrm{d}x\mathrm{d}y$ 中，在某一微小 $\mathrm{d}t$ 时段内，假定其推移质输沙量仍保持连续和质量守恒，即

$$\frac{\partial Hq_L}{\partial t}+\frac{\partial HUq_L}{\partial x}+\frac{\partial HVq_L}{\partial y}=-\alpha_q\beta_L U_q(q_L-q_{*L}) \qquad (4.1-6)$$

式中：L 为推移质泥沙粒径分组；α_q 为推移质泥沙恢复饱和系数；β 为修正系数（意义同悬移质修正值相似）；U_q 为水流合速度；q 为推移质含沙量，kg/m^3。

设 q_* 为推移质输沙能力（kg/m^3），可由下式计算：

$$q_*=\frac{g_b}{HU_q} \qquad (4.1-7)$$

式中：g_b 为单宽推移质输沙率，反映的是某一水流条件下挟带推移质的能力，可采用目前较为常用的单宽推移质输沙率公式或经验公式计算，如窦国仁公式、长江科学院的经验公式等。

4. 河床变形方程

河床变形受悬移质和推移质共同作用，据沙量守恒可得

$$\gamma'\frac{\partial Z_0}{\partial t}=\sum\alpha_s\beta_i\omega_i(S_i-S_{*i})+\sum\alpha_q\beta_L U_q(q_L-q_{*L}) \qquad (4.1-8)$$

式中：Z_0 为地形高程。

4.1.1.2 模型数值方法

模型控制方程通用格式采用以下形式：

$$\frac{\partial W(\Phi)}{\partial t}+\frac{\partial F(\Phi)}{\partial x}+\frac{\partial G(\Phi)}{\partial y}=D(\Phi) \qquad (4.1-9)$$

式中：Φ 为变量；F 和 G 分别为 x 向和 y 向通量向量；D 为源向量。

在求解微分方程时，控制方程采用有限体积法进行数值离散，该方法的优点在于能很好保证水流模型中水量和动量的守恒。

方程离散采用了自动迎风格式，离散方程的求解采用 SIMPLEC 算法。

4.1.1.3 模型相关条件处理

1. 模型计算初始条件

模型的初始条件是在起算时刻需明确的初值。模型要求的初始条件可分为初始水流条件（含输移物质）、地形条件和工程条件。地形条件包括河底高程和糙率。初始水流条件可根据实测资料或经过资料分析等给出计算域初始水位、流速及其他物质量，或者预先进行一个过程的计算后得出的结果中选择时间最接近的输出结果作为模型计算的初始条件。

2. 进、出口水沙边界条件

进口一般给定流量、沙量及泥沙级配，出口给定水位控制。

3. 动边界处理

每次迭代采用计算的水位及水深值判别和区分水域和陆域计算节点；对岸边界计算节点采用边界隔墙法处理（紊动黏滞系数取一极大值），并保持一较小富余水深；陆域水位采用近岸水域水位外延；模型根据冲淤厚度自动调整河床高程。

4. 河道阻力系数

在二维数值模拟计算中，阻力问题也就是糙率的确定问题。糙率是反映水流条件和河

床形态的综合系数，其影响因素主要有河势形态、河床与河岸、主槽与滩地、沙粒与沙波以及人工建筑物等。冲积河道阻力一般由床面阻力、滩地阻力、各种附加阻力（包括岸壁阻力、冰凌阻力和河势阻力等）组成。

李义天通过整理实测资料得到了冲积河流同一断面两侧糙率大于中部糙率，凹岸糙率大于凸岸糙率以及糙率沿河宽变化的规律性认识。他提出的糙率沿河宽分布的经验计算公式为

$$n = \frac{n_0}{f(\eta)}\left(\frac{J}{J_0}\right)^{\frac{1}{2}} \qquad (4.1-10)$$

式中：n、n_0 分别为二维糙率、一维糙率；J、J_0 分别为二维比降、一维比降；$f(\eta)$ 为确定糙率沿河宽分布的经验系数；η 为相对河宽。

5. 水流紊动黏性系数及泥沙扩散系数

水流紊动黏性系数 υ_t 与水流内部的湍流应力有关，由紊流模型（零方程或 $k-\varepsilon$ 双方程）或者经验公式来确定。

在 $k-\varepsilon$ 双方程紊流模型中，假定 $\upsilon_t = C_\mu k^2/\varepsilon$，$C_\mu$ 为常数，k、ε 分别为紊动能和耗散率，由 k 方程和 ε 方程确定。

利用实测资料分析，J W Elder 用类比的方法，将二维明渠流中垂向紊动黏性系数公式推广应用于横向黏性系数的确定，得出经验关系式 $\upsilon_t = aU_* h$，其中，a 为综合系数，U_* 为摩阻流速，h 为水深。

在大范围长河段水沙数模计算中，一般均做简化处理，采用经验公式计算。

对于泥沙扩散系数，由于与水流紊动黏性系数之间存在差异。在泥沙悬浮指标 $\omega/ku_* < 1$ 时，两者相差不大。天然河流中悬移质泥沙较细，水流强度较大，一般情况下悬浮指标不会大于 1，因此用水流紊动黏性系数近似代替泥沙扩散系数不会引入太大的误差。

6. 悬移质泥沙水流挟沙力

天然河道中，悬移质泥沙一般为非均匀沙组成，在数学模型计算中，可将泥沙按粒径分成若干组，并将一维挟沙力公式形式直接扩展为二维，则每组泥沙的水流挟沙力可由张瑞瑾公式计算：

$$S_{*i} = P_{*i}k\left(\frac{U^3}{gh\omega}\right)^m \qquad (4.1-11)$$

式中：i 为泥沙分组号；k、m 分别为系数和指数；P_{*i} 为分组挟沙力级配。

P_{*i} 采用窦国仁计算公式：

$$P_{*i} = (P_i/\omega_i)^a / \sum (P_i/\omega_i)^a \qquad (4.1-12)$$

式中：P_i 为悬移质泥沙级配；ω 为悬沙平均沉速，即

$$\omega^m = \sum (P_i\omega_i^m) \qquad (4.1-13)$$

7. 泥沙恢复饱和系数

悬移质泥沙恢复饱和系数（α_s）是由于采用垂线平均含沙量代替河底含沙量而引入的。由于河底含沙量一般总是大于垂线平均含沙量的，因此，从理论上讲，恢复饱和系数总是大于 1 的。但在实际计算中，由实测资料率定的恢复饱和系数甚至为远小于 1 的正

数，如南方河流（长江）一般淤积时为 0.25，冲刷时为 1.0，而黄河那样的细沙、多沙河流，一般为 0.004～0.30。这是因为悬移质含沙量垂线分布规律和公式一般都是在冲淤基本平衡的饱和输沙条件下得出的，由此得出的恢复饱和系数只能适用于冲淤平衡时含沙量等于挟沙力的情况。当悬移质泥沙处于非饱和状态、河床冲淤不平衡时，含沙量垂线分布与饱和状态的分布不同。在水流条件一定的情况下，当含沙量处于次饱和、饱和、超饱和状态时的垂线平均含沙量差别较大，而底部含沙量差别较小，相应的恢复饱和系数差别较大，其值分别大于1、等于1和小于1。因此泥沙恢复饱和系数实际上是由于用垂线平均含沙量代替河底含沙量而引入的修正系数，并非调整非饱和到饱和状态的系数。

对于推移质泥沙，由于其在近床面推移运动或停止，其恢复饱和系数（α_q）可取值为 1.0。

8. 床沙交换及床沙级配调整

在泥沙冲淤频繁的河段，由于水流与泥沙的相互作用，使某组泥沙发生冲刷时，另一组泥沙可能发生淤积，因此，床沙级配的调整应能反映床沙对水流、泥沙运动的响应，及对挟沙力的影响。本模型将计算河段内河床由上至下分成三层，即表层（泥沙交换层）、中间层（过渡层）和底层。悬沙与床沙的直接交换发生在交换层中，交换层厚度在完成级配调整后，保持不变；过渡层中泥沙级配视表层的床面的冲刷或淤积相应地向下或向上移动，与表层泥沙发生交换，过渡层厚度不变；底层与过渡层相应地进行级配调整，底层的厚度视表层的床面的冲刷或淤积相应地减小或增加。

9. 动岸概化处理

河道在冲淤演变过程中，岸坡受各种复杂因素的影响也发生相应变化，包括崩岸、滑坡等，一般情况下，根据河道边界条件（冲淤状况、坡度、地质组成和水力荷载等），采用土力学方法进行岸坡稳定计算，最典型的为瑞典法和毕肖普法，但此类方法需要选择一些固定断面和固定时刻，并且需要知道该处详细的地质组成情况，而且需要试算，对于研究较长河段、长时间冲淤，在未知区域、未知时间发生的岸坡稳定时，采用此种处理方法，其计算工作量巨大，耗时长。

本节采用目前一种较为常用的简化方法处理动岸问题，即引入"稳定临界坡度"的概念。稳定临界坡度只是岸坡在泥沙淤积和冲刷过程中较为稳定的最大坡度，可以根据河岸组成确定（也可由泥沙颗粒稳定休止角计算），或者两（多）次地形比较确定（由已出现的地形坡度判断）。在河道冲淤过程中，当河岸实际坡度大于稳定临界坡度时，即假定河岸失稳崩塌，则修改河道地形。

在实际的二维数学模型冲淤计算时，首先与一般的计算方法相同，根据各节点计算的冲淤厚度修改节点高程，然后对包括水上节点在内的相临岸坡节点间的坡度进行检验，如果由于冲淤原因导致相临节点间的坡度大于稳定临界坡度时，则需要对相临节点的高程进行修改，修改的原则是假定满足泥沙连续条件（节点修改前后冲淤面积不变）和稳定临界坡度条件（两节点间坡度小于或等于稳定临界坡度）。

10. 工程概化原则

天然河道上布置有许多控制、整治、开发利用工程，如堤防、险工、码头、航道整治工程等，对河道水流流动、河床冲淤等有较大的影响。为使数学模型计算能反映工程对河道的影响，一方面在网格划分时尽可能对工程局部进行网格加密处理，另一方面则对工程采用概化处理方法来反映工程对河道的影响。工程概化处理措施主要有地形修正和局部加糙修正。

（1）地形修正。对于工程填筑或开挖，首先将网格边尽量与工程边界重合，并将工程所占区域网格点的地形高程，修正为工程实施后的高程。

（2）局部糙率修正。对于局部阻水类的工程，采用阻力损失加糙处理。将工程阻水结构按断面突然缩小的局部阻力系数 ζ 换算成糙率：

$$\zeta_i = 0.5(1 - h_{i工程后}/h_{i工程前}) \tag{4.1-14}$$

$$n_{i工程} = h_i^{\frac{1}{6}} \sqrt{\frac{\zeta_i}{8g}} \tag{4.1-15}$$

式中：h_i 为网格点位置的水深。

则工程局部网格点综合糙率为

$$n_{i工程后} = \sqrt{n_{i工程前}^2 + n_{i工程}^2} \tag{4.1-16}$$

对于护底工程区域的河床糙率可按卵石平铺加糙，则工程后网格点的综合糙率为

$$n_{i工程后} = \frac{n_b}{n_{b0}} n_{i工程前} \tag{4.1-17}$$

其中

$$n_b = \frac{d_{50}^{\frac{1}{6}}}{K\sqrt{g}} \tag{4.1-18}$$

式中：n_b 为床面糙率；K 为系数。

通过以往的数学模型计算、经验公式计算和实体模型试验三种手段的结果对比表明，这样的概化是比较合理有效的。

4.1.2　模型率定和验证

4.1.2.1　水流率定和验证

1. 实测水文资料

2014 年 2 月 19 日（施测时流量约 6200m³/s）杨家脑至公安段 13 个水尺的实测水位及汊道分流比资料。

2015 年 3 月 23 日（施测时流量约 7600m³/s）杨家脑至公安段 16 条测流断面实测水位资料、断面流速分布及汊道分流比资料。

2008 年 10 月 3—7 日（施测时沙市流量约为 14800m³/s，太平口分流约 350m³/s）杨家脑至公安段 5 个水尺（沙 4、荆 35、荆 38、荆 45、荆 51）实测水位和断面流速分布资料。

水文测验布置如图 4.1-1 所示。

2. 水位率定与验证

水位率定、验证计算结果见表 4.1-1 和表 4.1-2，由两表可见，数学模型计算的水

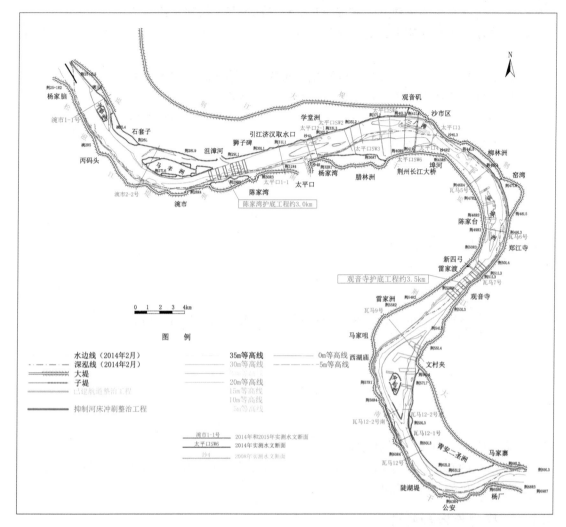

图 4.1-1　杨家脑至公安河段水文测验布置图

位与实测值相比，误差较小，其相差值一般在 5cm 以内。经上述率定与验证，得到本河段河床初始糙率为 0.023～0.028。

表 4.1-1 **2008 年 10 月水位率定结果表** 单位：m

测次时间	测站	沙 4	荆 35	荆 38	荆 45	荆 51
2008 年 10 月	实测	30.88	30.92	30.78	30.65	30.23
	计算	30.87	30.90	30.76	30.67	30.22
	误差	−0.01	−0.02	−0.02	0.02	−0.01

3. 断面流速分布验证

各测流断面流速分布验证结果见图 4.1-2。由图 4.1-2 可见，断面的计算与实测的流速分布符合较好，主流位置基本一致。经统计，各测流垂线流速计算值与实测值误差一般在 0.2m/s 以内。

表 4.1 - 2　　　　　　　　　**水 位 验 证 结 果 表**　　　　　　　　　单位：m

序号	断面名称	2014 年 2 月测次			2015 年 3 月测次		
		实测值	计算值	误差	实测值	计算值	误差
1	浣市 1 - 1 号	30.35	30.34	-0.01	31.54	31.55	0.01
2	浣市 2 - 2 号	30.01	29.95	-0.06	31.11	31.12	0.01
3	太平口 1 - 1	29.52	29.48	-0.04	30.59	30.54	-0.05
4	太平口 2 - 1	29.40	29.42	0.02	30.21	30.26	0.05
5	太平口 SW2	29.25	29.26	0.01			
6	太平口 SW3	29.19	29.15	-0.04	29.88	29.92	0.04
7	太平口 SW5	29.06	29.05	-0.01	29.72	29.75	0.03
8	太平口 3	28.813	28.773	-0.04	29.55	29.51	-0.04
9	太平口 SW6	28.97	28.99	0.02			
10	瓦马 5	28.62	28.58	-0.04	29.23	29.25	0.02
11	瓦马 6	28.27	28.24	-0.03			
12	瓦马 7	28.15	28.21	0.06	28.79	28.83	0.04
13	瓦马 9	27.87	27.85	-0.02	28.61	28.6	-0.01
14	瓦马 12 - 2 北	27.47	27.53	0.06	28.13	28.11	-0.02
15	瓦马 12 - 2 南	27.49	27.46	-0.03	28.18	28.19	0.01
16	瓦马 12	27.33	27.34	0.01			

4. 汊道分流比验证

验证河段内有金成洲和突起洲汊道。采用 2014 年 2 月、2015 年 3 月实测汊道分流比进行验证。从表 4.1 - 3 中可看出，验证结果较好，计算值与实测值相差一般在 0.2%以内。

表 4.1 - 3　　　　　　　　　**汊 道 分 流 比 验 证**

测次	2014 年 2 月测次			2015 年 3 月测次		
汊道	实测	计算	误差	实测	计算	误差
三八滩左汊	36.1%	36.3%	0.2%			
金成洲左汊	87.2%	87.3%	0.1%			
突起洲右汊	98.8%	98.6%	-0.2%	100%	98.4%	-1.6%

4.1.2.2　河床冲淤验证

采用 2008 年 10 月实测 1/10000 河道地形资料作为起始地形和 2013 年 10 月实测 1/10000 河道地形资料作为终止地形，进行河床冲淤验证计算分析。表 4.1 - 4 为验证河段分段冲淤量验证对比表；图 4.1 - 3 为实测和计算冲淤厚度分布验证对比图；图 4.1 - 4 为典型断面实测与计算冲淤变化对比图。

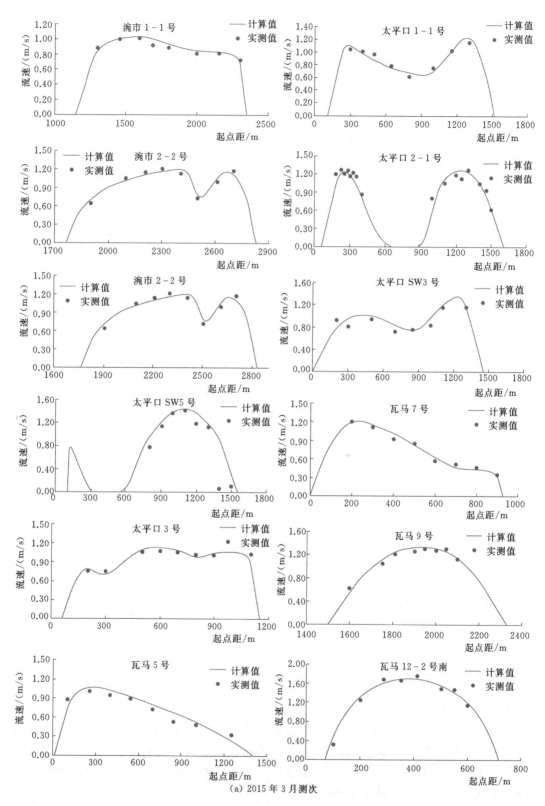

(a) 2015 年 3 月测次

图 4.1-2（一）　典型断面流速分布验证图

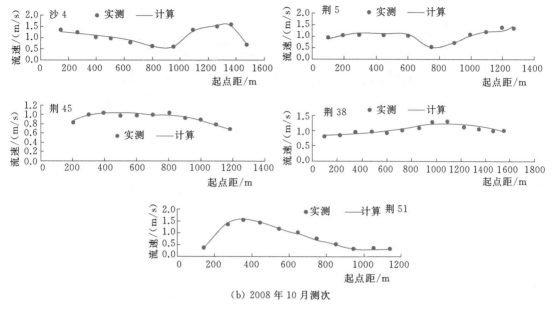

（b）2008 年 10 月测次

图 4.1-2（二）　典型断面流速分布验证图

表 4.1-4　　　　　　　　杨家脑至公安河段各分段冲淤量验证对比表

河　段		实测	计算	相对误差
分段	河段长度/km	/万 m³	/万 m³	/%
进口—浣 25	4.0	−608.8	−628.9	3.3
浣 25—马洋洲下	9.4	−1252.1	−1294.5	3.4
马洋洲下—荆 29	2.1	−466.5	−431.1	−7.6
荆 29—荆 30	2.3	−162.3	−166.5	2.6
荆 30—荆 31	1.6	−126.9	−137.6	8.4
荆 31—荆 32	3.4	−413.0	−463.9	12.3
荆 32—荆 37	4.1	−605.9	−676.3	11.6
荆 37—荆 43	6.3	−558.1	−578.4	3.6
荆 43—荆 48	6.5	−571.9	−561.5	−1.8
荆 48—荆 50	3.1	−1064.4	−1130.7	6.2
荆 50—观音寺	2.6	−219.5	−233.4	6.3
观音寺—荆 53	2.3	75.8	78.7	3.8
荆 53—荆 55	3.0	−394.6	−423.8	7.4
荆 55—出口	14.0	−948.0	−797	−15.9
全河段	64.7	−7316.2	−7444.9	1.8

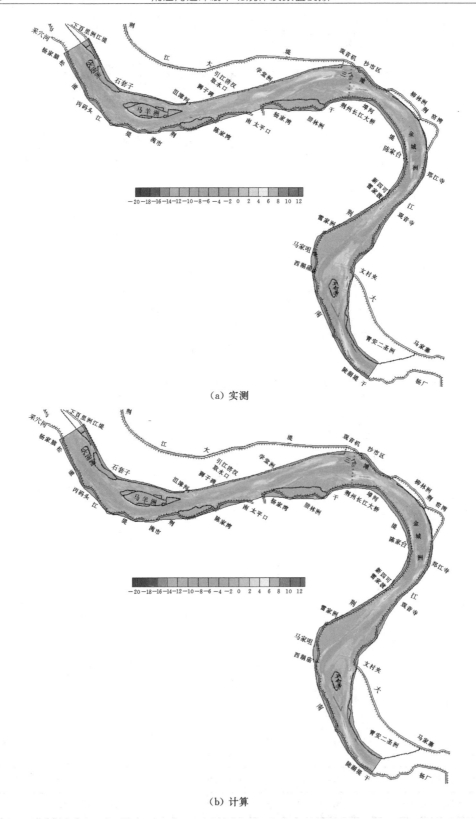

（a）实测

（b）计算

图 4.1-3　杨家脑至公安河段实测与计算冲淤厚度分布验证对比图（2008 年 10 月至 2013 年 10 月）

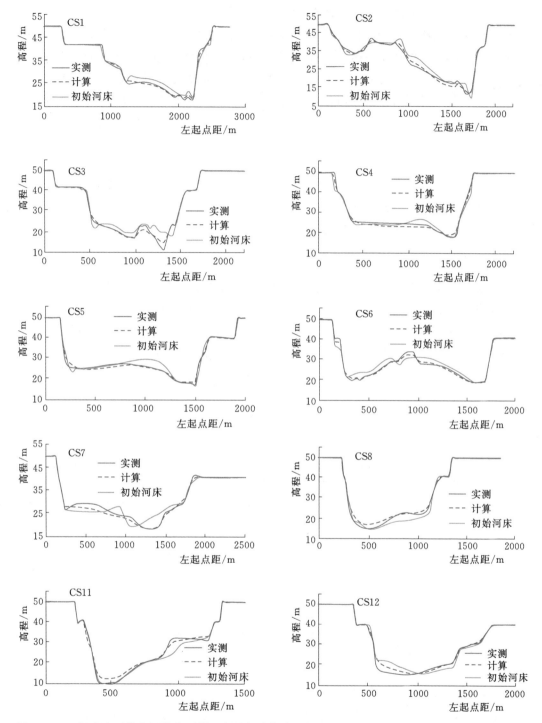

图 4.1-4 杨家脑至公安河段典型断面实测与计算冲淤变化对比图（2008 年 10 月至 2013 年 10 月）

从此可见，杨家脑至公安河段河床总体处于冲刷状态，冲淤幅度一般在－15～＋10m，主要表现为河槽、低滩冲刷，且幅度较大，高滩地略有淤积，陡湖堤对岸上游附近出现滩地冲刷和切滩现象。从冲淤的沿程分布来看，在水流较集中的河段，河槽冲刷幅度较大，在有护滩工程处滩地一般出现淤积。

根据两次实测地形统计，验证河段实测冲刷总量约 7316.2 万 m³，而验证计算冲刷总量约 7444.9 万 m³，相对误差约＋1.8％，而各分段冲淤量相对误差均在 16％以内。

根据实测和计算得出的河床冲淤分布和典型断面地形对比也可看出，河床冲淤部位与幅度，计算结果与实测结果基本吻合，相似性较好，模型基本能够反映验证河段的天然冲淤变化状况。

4.1.3 冲淤变化趋势

模型计算起始地形为 2013 年 10 月地形，水沙系列为 1991—2000 年典型系列，考虑三峡、溪洛渡、向家坝等大型已建水库蓄水拦沙；计算时限为 2013—2032 年，共 20 年；计算河段进、出口水沙条件由一维水沙数模计算结果给出。

4.1.3.1 河道冲淤量

杨家脑至公安河段冲淤量对比见表 4.1-5，可知杨家脑至公安河段总体处于冲刷状态。2022 年末、2032 年末全河段冲刷总量分别约 22864.6 万 m³、33098.1 万 m³，其中前 10 年年均冲刷 2286.5 万 m³，后 10 年年均冲刷 1023.4 万 m³；后 10 年冲刷量小于前 10 年冲刷量。

表 4.1-5 杨家脑至公安河段冲淤量

分	段	长度/km	10年末冲淤量/万 m³	20年末冲淤量/万 m³
进口—马洋洲尾	进口—涴 25	4.0	−1934.6	−2459.9
	涴 25—马洋洲	9.4	−3164.2	−4731.1
马洋洲尾—陈家湾	马洋洲—荆 29	2.1	−568.9	−851.7
	荆 29—荆 30	2.3	−732.8	−960.5
陈家湾—观音寺上	荆 30—荆 31	1.6	−574.3	−685.0
	荆 31—荆 32	3.4	−1271.7	−2096.1
	荆 32—荆 37	4.1	−1597.7	−2218.4
	荆 37—荆 43	6.3	−1680.7	−2295.8
	荆 43—荆 48	6.5	−1907.4	−2789.3
	荆 48—荆 50	3.1	−1485.7	−2078.8
观音寺附近	荆 50—观音寺	2.6	−976.4	−1487.5
	观音寺—荆 53	2.3	−715.9	−1130.2
观音寺以下	荆 53—荆 55	3.0	−1025.4	−1573.6
	荆 55—出口	14.0	−5228.8	−7739.5
全河段		64.7	−22864.6	−33098.1

2022 年末各分段冲淤量：陈家湾以上河段（杨家脑至马洋洲尾）冲刷量约 5098.8 万 m³，冲刷强度 38.1 万 m³/(km·a)；马洋洲尾至陈家湾区段冲刷量约 1301.7 万 m³，冲刷强度 29.6m³/(km·a)；陈家湾近至观音寺上所在的区段冲刷量约 8517.5 万 m³，冲刷

强度 34.1 万 m³/(km·a)；观音寺附近冲刷量约 1692.2 万 m³，冲刷强度 34.5 万 m³/(km·a)；观音寺以下河段冲刷量约 6254.2 万 m³，冲刷强度 36.8 万 m³/(km·a)。

2032 年末各分段冲淤量：陈家湾以上河段，20 年内冲刷量约 7190.9 万 m³，冲刷强度 26.8 万 m³/(km·a)，后 10 年河段冲刷量约 2092.1 万 m³，冲刷强度 15.6 万 m³/(km·a)；马洋洲尾至陈家湾区段，20 年内冲刷量约 1812.2 万 m³，冲刷强度 20.6m³/(km·a)，后 10 年河段冲刷量约 510.5 万 m³，冲刷强度 11.6 万 m³/(km·a)；陈家湾下至观音寺上所在的区段，20 年内冲刷量约 12163.3 万 m³，冲刷强度 24.3 万 m³/(km·a)，后 10 年冲刷量约 3645.8 万 m³，冲刷强度 14.6 万 m³/(km·a)；观音寺附近区段，20 年内冲刷量约 2617.7 万 m³，冲刷强度 26.7 万 m³/(km·a)，后 10 年冲刷量约 925.5 万 m³，冲刷强度 18.9 万 m³/(km·a)；观音寺以下河段，20 年内冲刷量约 9313.1 万 m³，冲刷强度 27.4 万 m³/(km·a)，后 10 年冲刷量约 3058.9 万 m³，冲刷强度 18.0 万 m³/(km·a)。

4.1.3.2　河床冲淤厚度分布

2022 年末和 2032 年末杨家脑至公安河段河床冲淤厚度分布如图 4.1-5 所示。从图 4.1-5 中可以看出，研究河段河床冲淤交替，平滩以下河槽以冲刷为主，局部近岸河床冲刷较为明显；边滩部位有冲有淤，低滩部位冲刷明显，高滩部位略有淤积；已实施的整治工程部位泥沙有所淤积。

2022 年末冲淤厚度分布：陈家湾以上河段河槽（平滩水位以下；下同）冲淤厚度为 -10.8~+10.7m，高边滩（平滩水位以上；下同）部位冲淤厚度为 -2.8~+1.6m；陈家湾附近区段河槽冲淤厚度为 -12.2~+7.9m，高边滩部位冲淤厚度为 -5.0~+2.3m；陈家湾下至观音寺上所在的区段河槽冲淤厚度为 -13.7~+15.7m，高边滩部位冲淤厚度为 -8.3~+2.4m；观音寺附近区段河槽冲淤厚度为 -12.9~+8.3m，高边滩部位冲淤厚度为 -12.1~+2.3m；观音寺以下河段河槽冲淤厚度为 -19.4~+17.4m，高边滩部位冲淤厚度为 -17.9~+2.6m。

2032 年末本河段冲淤厚度分布：陈家湾以上河段河槽冲淤厚度为 -12.9~+11.5m，高边滩部位冲淤厚度为 -4.2~+1.9m；陈家湾附近区段河槽冲淤厚度为 -14.8~+8.7m，高边滩部位冲淤厚度为 -6.4~+2.5m；陈家湾下端至观音寺上端所在的区段河槽冲淤厚度为 -19.5~+15.9m，高边滩部位冲淤厚度为 -8.3~+2.6m；观音寺附近区段河槽冲淤厚度为 -18.1~+8.3m，高边滩部位冲淤厚度为 -11.1~+1.5m；观音寺以下河段河槽冲淤厚度为 -19.4~+17.8m，高边滩部位冲淤厚度为 -19.4~+2.7m。

4.1.3.3　滩、槽变化分析

以杨家脑至公安河段 2032 年末和初始时的典型地形高程线（35m 线、25m 线、15m 线）平面位置对比进行分析，如图 4.1-6 所示。杨家脑至公安河段在冲淤 20 年后，总体河势格局变化不大，但局部滩、槽冲淤变化较为明显，河槽有冲刷扩展趋势；一般深泓在弯道凹岸向近岸偏移，过渡段左右摆动；局部岸段和边滩（滩缘或低滩部位）冲刷后退；已实施整治工程的部位冲刷受到抑制，局部有所淤积。具体如下：

(1) 35m 高程线（滩缘线）变化。2032 年末，陈家湾以上河段，35m 等高线与 2013 年相比变化较小，左右摆动幅度在 100m 内，火箭洲洲头滩缘线淤积上延约 100m；陈家

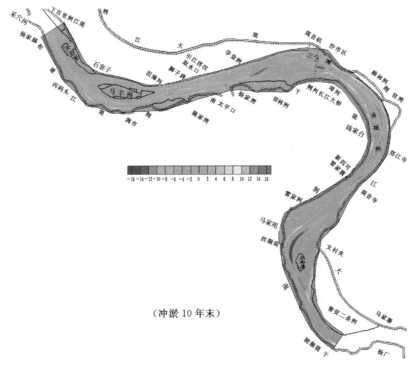

（冲淤 10 年末）

（a）2022 年末

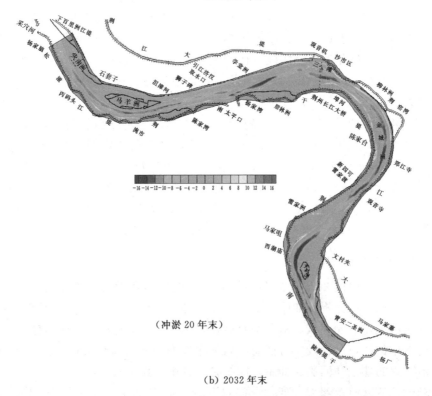

（冲淤 20 年末）

（b）2032 年末

图 4.1-5　2022 年末和 2032 年末杨家脑至公安河段河床冲淤厚度分布图

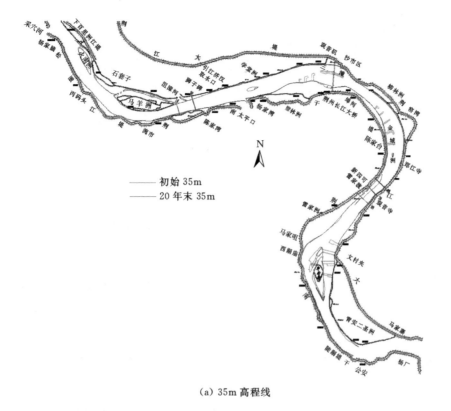

（a）35m 高程线

（b）25m 高程线

图 4.1－6（一）　2032 年末杨家脑至公安河段 35m、25m 和 15m 高程线平面位置变化图

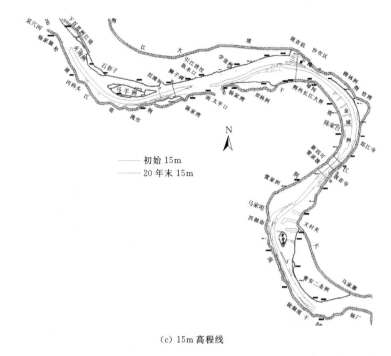

—— 初始 15m
—— 20 年末 15m

（c）15m 高程线

图 4.1-6（二） 2032 年末杨家脑至公安河段 35m、25m 和 15m 高程线平面位置变化图

湾附近区段，滩缘线变化较小，左右摆动幅度在 30m 以内；陈家湾至观音寺之间，整体变化不大，变化主要体现在河段内的洲滩的变化，太平口心滩冲刷后退约 750m，右岸荆 40～荆 43 范围内边滩有所淤积，金成洲 35m 等高线有所后退萎缩，右岸高滩有所淤长；观音寺附近区段，右岸略有淤长；观音寺以下河段，突起洲洲头略有后退，荆 60～荆 62 处左岸高滩冲刷后退约 200m。

（2）25m 高程线（河槽线）变化。2032 年末，陈家湾以上河段，与初始地形相比，25m 等高线左侧展宽 0～260m；陈家湾附近河段 25m 等高线左侧摆动在 100m 内；陈家湾至观音寺之间河段，太平口心滩、三八滩上游河槽线展宽，三八滩左槽略有缩小，右槽有所展宽，金成洲附近右侧河槽线展宽在 300m 范围内，金成洲左缘有所冲刷后退；观音寺附近区域，右侧河槽展宽 30～200m；观音寺下游段，突起洲右缘冲刷后退，突起洲左槽略有发展，荆 60～荆 62 处左侧 25m 等高线冲刷后退约 120m。

（3）15m 高程线（深槽线）变化。2032 年末，陈家湾以上河段，深槽线变化明显，15m 等高线几乎贯通至杨家脑，冲刷形成宽约 380～550m 的 15m 深槽；陈家湾附近区段，15m 深槽线由初始的靠右侧向左侧展宽贯通整个陈家湾附近区段；太平口至三八滩段，右侧深槽冲刷，形成宽约 200～320m 的 15m 深槽，三八滩至观音寺上游河段右侧深槽冲刷，形成宽约 280～590m 宽的 15m 深槽；观音寺附近区段，右侧 15m 深槽展宽贯通；观音寺下至突起洲段，右侧深槽展宽，突起洲以下河段左侧明显冲刷展宽。

4.1.3.4 典型断面冲淤变化分析

图 4.1-7 给出了杨家脑至公安河段 2032 年末典型断面冲淤变化对比图，表 4.1-6 给出了典型断面 2032 年末 40m 高程下水力要素变化情况。

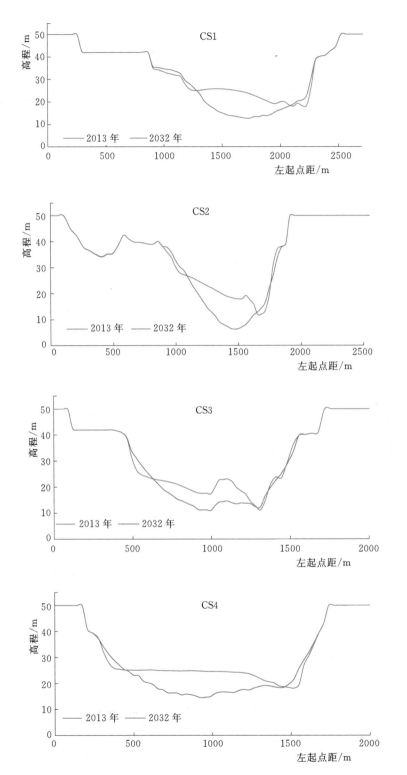

图 4.1-7（一）　杨家脑至公安河段初始 2013 年与 2032 年末典型断面冲淤变化对比图

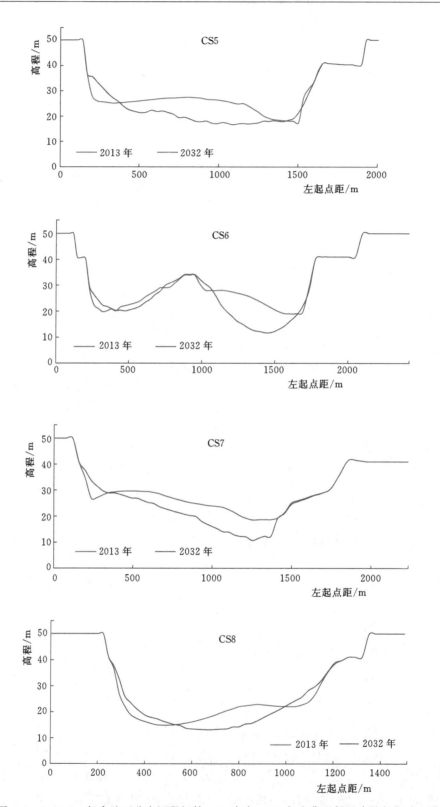

图 4.1-7（二） 杨家脑至公安河段初始 2013 年与 2032 年末典型断面冲淤变化对比图

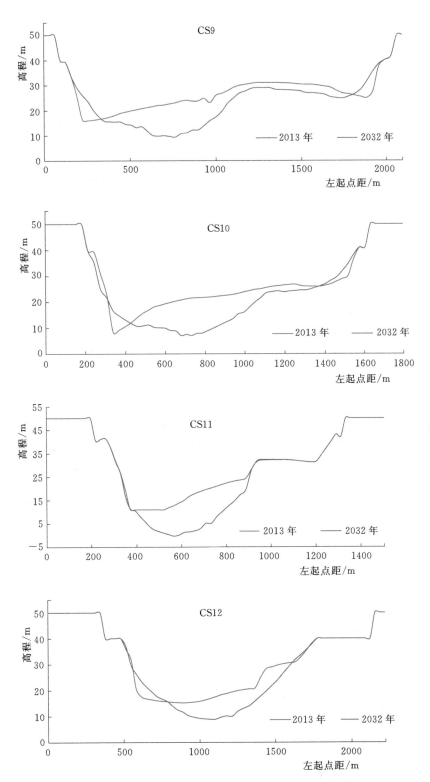

图 4.1-7（三）　杨家脑至公安河段初始 2013 年与 2032 年末典型断面冲淤变化对比图

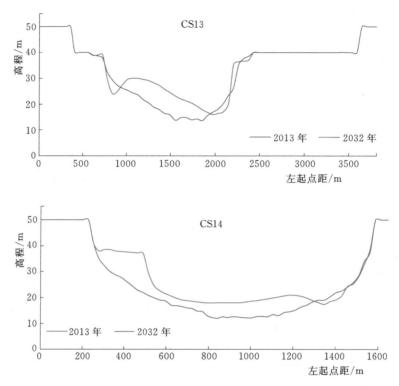

图 4.1-7（四） 杨家脑至公安河段初始 2013 年与 2032 年末典型断面冲淤变化对比图

表 4.1-6　　　　　杨家脑至公安河段 40m 高程下河槽断面要素变化表

河　　段	断面位置	面　　积		宽　深　比	
		初始面积/m²	2032 年末面积变化率/%	初始宽深比	2032 年末宽深比变化率
杨家脑—马洋洲尾	CS1	21141	23.6	2.66	−0.51
	CS2	17151	24.8	3.52	−0.70
马洋洲尾—陈家湾	CS3	19715	15.6	1.91	−0.26
	CS4	21434	25.0	2.59	−0.52
陈家湾—观音寺上游段	CS5	21600	23.5	2.65	−0.50
	CS6	22434	19.9	2.77	−0.46
	CS7	22970	22.7	2.98	−0.56
	CS8	17793	5.4	1.75	−0.10
	CS9	26357	25.9	3.13	−0.64
	CS10	22665	27.0	2.20	−0.47
观音寺附近区段	CS11	16414	33.3	1.91	−0.48
	CS12	22296	19.1	2.10	−0.34
观音寺下游至出口	CS13	24085	25.0	3.35	−0.67
	CS14	20956	28.7	2.25	−0.49

（1）杨家脑至马洋洲尾河段（CS1、CS2）。2032 年末，断面深槽明显冲深展宽，最大冲深约 11.9m，高滩变化较小，一般冲淤变化在 4m 以内；从 CS1 和 CS2 断面形态来看，40m 高程以下河槽初始面积为 21141m²、17151m²，2032 年末，面积分别扩大了 23.6% 和 24.8%，宽深比由初始的 2.66 和 3.52 分别减小了 0.51 和 0.70。

（2）马洋洲尾至陈家湾河段（CS3、CS4）。2032 年末，CS3 和 CS4 断面左侧河槽明显冲刷下切，最大冲深约 10.3m，高滩变化较小，一般冲淤变化在 2m 以内；从 CS3 和 CS4 断面水力要素变化来看，40m 高程以下河槽初始面积为 19715m²、21434m²，2032 年末，面积分别扩大了 15.6% 和 25.0%，宽深比由初始的 1.91 和 2.59 分别减小了 0.26 和 0.52。

（3）陈家湾至观音寺上游河段（CS5～CS10）。2032 年末，河段内典型断面最大冲深约 14.4m，高滩冲淤交替。CS5 断面和 CS7 断面深槽向左侧展宽发展；CS6 断面左右两槽均有所冲深，但右槽冲深明显；CS8～CS10 断面深槽向右侧发展。从断面水力要素变化来看，40m 高程以下河槽初始面积在 17793～26357m² 范围内，2032 年末，面积扩大了 5.4%～27.0%，宽深比由初始的 1.75～3.13，减少了 0.10～0.64。

（4）观音寺附近区段（CS11、CS12）。2032 年末，河段内典型断面最大冲深约 15.8m，高滩冲淤交替。CS11 断面和 CS12 断面深槽向右侧展宽发展。从断面水力要素变化来看，40m 高程以下河槽初始面积为 16414m²、22296m²，2032 年末，面积扩大了 33.3% 和 19.1%，宽深比由初始的 1.91 和 2.10，分别减少了 0.48 和 0.34。

（5）观音寺下游至出口河段（CS13、CS14）。2032 年末，河段内典型断面最大冲深约 15.1m，高滩冲淤交替。CS13 断面和 CS14 断面深槽向右侧展宽发展。从断面水力要素变化来看，40m 高程以下河槽初始面积为 24085m²、20956m²，2032 年末，面积扩大了 25.0% 和 28.7%，宽深比由初始的 3.35 和 2.25，分别减少了 0.67 和 0.49。

4.1.3.5　沿程深泓高程变化分析

以 2032 年末和初始时的沿程深泓高程对比进行分析，如图 4.1-8 所示。

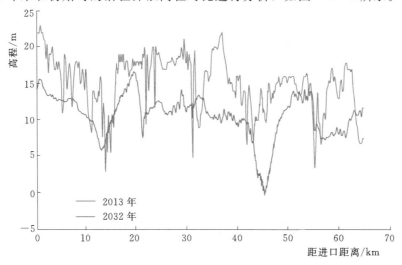

图 4.1-8　杨家脑至公安河段沿程深泓高程变化图

初始时杨家脑至公安河段沿程深泓高程为: 陈家湾以上河段为＋7.8～＋23.0m; 陈家湾附近区段为＋3.0～＋19.0m; 陈家湾下游至观音寺上游之间的河段为＋5.0～＋22.0m; 观音寺附近区段为＋7.0～＋15.2m; 观音寺以下河段为＋3.0～＋17.9m。

20 年后, 杨家脑至公安河段沿程深泓高程比初始时一般均出现冲刷下降, 个别位置有所淤积抬高。具体深泓变化幅度为: 陈家湾以上河段为－9.8～＋1.6m; 陈家湾附近区段为－6.6～＋4.2m; 陈家湾下游至观音寺上游之间的河段为－12.1～＋5.2m; 观音寺附近区段为－13.1～＋0.03m; 观音寺以下河段为－10.1～＋8.3m。

4.1.3.6 河道冲淤的综合分析

综上分析可知, 杨家脑至公安河段多年 (2013—2032 年) 平均年径流量、输沙量、含沙量分别约 4164.6 亿 m³、0.497 亿 t、0.119kg/m³。本河段在 20 年期间, 河床冲淤交替, 总体表现为冲刷; 2022 年末、2032 年末, 全河段累计冲刷总量分别约 22864.6 万 m³、33098.1 万 m³, 其中前 10 年年均冲刷量约 2286.5 万 m³, 后 10 年年均冲刷 1023.4 万 m³。冲淤 20 年后, 该河段总体河势格局变化不大, 但局部滩、槽冲淤变化较为明显, 河槽有冲刷扩展趋势, 一般深槽在弯道凹岸向近岸偏移, 局部岸段和边滩 (滩缘或低滩部位) 冲刷后退, 已实施整治工程的部位冲刷受到抑制, 局部有所淤积; 2032 年末, 本河段平滩河槽冲淤幅度为－19.5～＋17.8m, 平均冲深约 3.87m, 高滩地冲淤幅度为－19.4～＋2.7m; 典型断面平滩河槽过水面积约增大 5.4%～33.3%, 宽深比约减小 0.1～0.7; 30m 滩缘线, 在凹岸沿线受护岸工程约束, 后退较小, 凸岸边滩沿线后退稍大, 特别是凸顶附近, 河槽冲深扩展, 25m 河槽线一般展宽为 50～300m, 15m 深槽全线贯通; 沿程深泓高程一般均出现冲刷下降 (个别位置有所淤积抬高), 其变化幅度为－13.1～＋5.2m。

由于本河段蜿蜒曲折, 河道边界抗冲性较差, 特别是陡湖堤对岸附近高滩易冲刷下切, 且三峡工程运用以来河床冲淤幅度较大, 河槽冲深扩大、深泓向近岸 (滩) 偏移的基本趋势仍然存在, 仍易造成本河段岸、滩的冲刷崩退, 滩槽格局仍不稳定。

4.1.4 水位变化分析

4.1.4.1 计算水流等边界条件

1. 水流条件

选取洪 (防洪设计洪水)、中 (多年平均流量)、枯 (三峡水库控泄枯水流量 6000m³/s 左右) 流量, 共 3 组水流条件, 见表 4.1-7～表 4.1-9。

表 4.1-7　　　　　　　　防洪设计流量表

站　　点	宜昌	枝城	沙市	城陵矶	汉口
防洪设计流量/(m³/s)	55000	56700	50000	65000	71600

表 4.1-8　　　　　　多年 (2003—2012 年) 平均流量条件表

站　　点	枝城	沙市	监利	螺山	汉口
多年平均流量/(m³/s)	12900	11900	11500	18600	21200

表 4.1-9　　　　　　　　长江中下游干流堤防设计水位表（冻结吴淞）

站　名	设计水位/m	站　名	设计水位/m
枝城	51.75	螺山	34.01
沙市	45.00	龙口	32.65
石首	40.38	新滩口	31.44
监利（姚圻脑）	37.28	汉口	29.73
城陵矶（莲花塘）	34.40		

注：《长江流域防洪规划》2008 年 6 月。

2. 地形条件

初始地形（2013 年 10 月地形）；冲淤预测 2022 年末、2032 年末地形。

4.1.4.2　杨家脑至公安河段水位变化分析

表 4.1-10～表 4.1-12 分别为防洪设计流量、多年平均流量、枯水流量条件下杨家脑至公安河段沿程水位变化表。由此可见，本河段河床冲刷下切后沿程水位均出现不同程度的下降，且流量越小，水位下降幅度越大。具体如下：

（1）与 2013 现状条件下水位相比，冲淤后本河段沿程水位有所降低。

（2）2022 年末，在防洪设计流量、多年平均流量、枯水流量条件下，沿程水位分别降低约 2.436～2.613m、2.619～2.971m、2.371～3.320m。

（3）2032 年末，在防洪设计流量、多年平均流量、枯水流量条件下，沿程水位分别降低约 3.142～3.315m、3.123～3.667m、2.908～4.073m。

表 4.1-10　　　　　　防洪设计流量下杨家脑至公安河段沿程水位变化表

位　置		2013 年初始水位值/m	2022 年末水位下降值/m	2032 年末水位下降值/m
陈家湾以上	CS1	43.575	2.530	3.315
	CS2	42.967	2.436	3.142
陈家湾至观音寺上游	CS5	43.043	2.440	3.194
	CS6	42.959	2.477	3.178
	CS7	42.870	2.465	3.182
	CS8	42.567	2.613	3.272
	CS9	42.602	2.536	3.216
	CS10	42.460	2.529	3.188
最小值		—	2.436	3.142
最大值		—	2.613	3.315

表 4.1-11　　　　　　多年平均流量下杨家脑至公安河段沿程水位变化表

位　置		2013 年初始水位值/m	2022 年末水位下降值/m	2032 年末水位下降值/m
陈家湾以上	CS1	33.82	2.971	3.667
	CS2	33.432	2.821	3.456

续表

位　　置		2013年初始水位值/m	2022年末水位下降值/m	2032年末水位下降值/m
陈家湾至观音寺上游	CS5	33.335	2.806	3.446
	CS6	33.192	2.816	3.412
	CS7	33.025	2.726	3.317
	CS8	32.797	2.728	3.278
	CS9	32.596	2.644	3.183
	CS10	32.475	2.619	3.123
最小值		—	2.619	3.123
最大值		—	2.971	3.667

表4.1-12　　　　　枯水流量下杨家脑至公安河段沿程水位变化表

位　　置		2013年初始水位值/m	2022年末水位下降值/m	2032年末水位下降值/m
陈家湾上游	CS1	29.996	3.320	4.073
	CS2	29.613	3.119	3.821
陈家湾至观音寺上游	CS5	29.48	3.083	3.789
	CS6	29.308	3.077	3.735
	CS7	28.991	2.848	3.493
	CS8	28.617	2.707	3.295
	CS9	28.278	2.488	3.055
	CS10	28.088	2.371	2.908
最小值		—	2.371	2.908
最大值		—	3.320	4.073

4.1.5　汊道段分流比变化趋势

本河段主要有马洋洲汊道（右汊为主汊）、三八滩汊道（右汊为主汊）、金成洲汊道（左汊为主汊）和突起洲汊道（右汊为主汊）。

与现状条件下分流比相比，金成洲右汊分流比有所减小，马洋洲右汊、三八滩右汊、突起洲右汊分流比增加。

在洪、中、枯流量条件下，2022年末马洋洲右汊分流比增加值分别约7.82%、0.0%、0.0%；2032年末马洋洲分流比增加值分别约8.90%、0.0%、0.0%（见表4.1-13）。

表4.1-13　　　　　　　马洋洲汊道右汊分流比变化表

流　　量	2013年初始分流比值/%	2022年末分流比变化值/%	2032年末分流比变化值/%
防洪设计流量	90.28	＋7.82	＋8.9
多年平均流量	100.00	0	0
枯水流量	100.00	0	0

在洪、中、枯流量条件下，2022 年末三八滩右汊分流比增加值分别约 8.59%、22.97%、26.76%；2032 年末三八滩分流比增加值分别约 10.27%、25.43%、31.34%（见表 4.1-14）。

表 4.1-14　　　　　　　　三八滩汊道右汊分流比变化表

流　　量	2013 年初始分流比值/%	2022 年末分流比变化值/%	2032 年末分流比变化值/%
防洪设计流量	71.27	+8.59	+10.27
多年平均流量	65.74	+22.97	+25.43
枯水流量	63.48	+26.76	+31.34

在洪、中、枯流量条件下，2022 年末金成洲右汊分流比减小值分别约 9.41%、9.74%、0.18%；2032 年末金成洲右汊分流比减小值分别约 10.28%、10.53%、0.18%（见表 4.1-15）。

表 4.1-15　　　　　　　　金成洲汊道右汊分流比变化表

流　　量	2013 年初始分流比值/%	2022 年末分流比变化值/%	2032 年末分流比变化值/%
防洪设计流量	23.27	-9.41	-10.28
多年平均流量	10.91	-9.74	-10.53
枯水流量	0.18	-0.18	-0.18

在洪、中、枯流量条件下，2022 年末突起洲右汊分流比增加值分别约 13.03%、11.74%、0.05%；2032 年末突起洲分流比增加值分别约 16.10%、13.93%、0.05%（见表 4.1-16）。

表 4.1-16　　　　　　　　突起洲汊道右汊分流比变化表

流　　量	2013 年初始分流比值/%	2022 年末分流比变化值/%	2032 年末分流比变化值/%
防洪设计流量	54.80	+13.03	+16.10
多年平均流量	79.07	+11.74	+13.93
枯水流量	99.95	+0.05	+0.05

4.2　公安至柴码头河段平面二维水沙数学模型计算与趋势预测

4.2.1　数学模型原理

4.2.1.1　控制方程

1. 水流方程

模型的水流运动方程为基于 Boussinesq 假定和静水压力假定的垂向平均不可压缩流体雷诺平均 Navier-Stokes 方程。

（1）连续方程：

$$\frac{\partial h}{\partial t}+\frac{\partial h\overline{u}}{\partial x}+\frac{\partial h\overline{v}}{\partial y}=hS \tag{4.2-1}$$

（2）x 方向动量方程：

$$\frac{\partial h\overline{u}}{\partial t}+\frac{\partial h\overline{u}^2}{\partial x}+\frac{\partial h\overline{uv}}{\partial y}=-gh\frac{\partial\zeta}{\partial x}+\frac{\tau_{sx}}{\rho_s}-\frac{\tau_{by}}{\rho_s}+\frac{\partial}{\partial x}(h\tau_{xx})+\frac{\partial}{\partial y}(h\tau_{xy})+hu_sS \tag{4.2-2}$$

（3）y 方向动量方程：

$$\frac{\partial h\overline{v}}{\partial t}+\frac{\partial h\overline{uv}}{\partial x}+\frac{\partial h\overline{v}^2}{\partial y}=-gh\frac{\partial\zeta}{\partial y}+\frac{\tau_{sy}}{\rho_s}-\frac{\tau_{by}}{\rho_s}+\frac{\partial}{\partial x}(h\tau_{xy})+\frac{\partial}{\partial y}(h\tau_{yy})+hv_sS \tag{4.2-3}$$

式中：x、y 为空间坐标，m；t 为时间，s；$\zeta(x, y, t)$ 为水位，m；$h(x, y, t)$ 为总水深，m，$h=\zeta-d$，$d(x, y, t)$ 为河底高程，m；$\overline{u}$、$\overline{v}$ 分别为 x、y 方向的垂线平均流速，m/s，$\overline{u}=\frac{1}{h}\int_d^\zeta u\mathrm{d}z$、$\overline{v}=\frac{1}{h}\int_d^\zeta v\mathrm{d}z$，$u$、$v$ 分别为空间上中各点在 x、y 方向的流速分量，m/s，z 为相对最低河底高程点或参考点的垂向坐标，m，向上为正；ρ_s 为浑水的密度，kg/m³；τ_{bx}、τ_{by} 为床面切应力在 x、y 方向，N/m²；τ_{sx}、τ_{sy} 为风应力在 x、y 方向，N/m²；S 为点源汇的流量，s⁻¹；u_s 和 v_s 分别为点源或汇的取水和排水流速，m/s；τ_{xx}、τ_{xy} 和 τ_{yy} 为黏滞应力，N/m²，主要由黏性阻力、紊动阻力等引起，可由基于垂线平均流速梯度的涡黏方程得到

$$\tau_{xx}=2A\frac{\partial\overline{u}}{\partial x},\tau_{xy}=A\left(\frac{\partial\overline{u}}{\partial y}+\frac{\partial\overline{v}}{\partial x}\right),\tau_{yy}=2A\frac{\partial\overline{v}}{\partial y} \tag{4.2-4}$$

式中：A 为系数。

黏滞应力梯度项可转换为

$$\frac{1}{\rho_0}\left[\frac{\partial}{\partial x}(h\tau_{xx})+\frac{\partial}{\partial y}(h\tau_{xy})\right]=\frac{\partial}{\partial x}\left(E_x\frac{\partial h\overline{u}}{\partial x}\right)+\frac{\partial}{\partial y}\left(E_y\frac{\partial h\overline{u}}{\partial y}\right) \tag{4.2-5}$$

$$\frac{1}{\rho_0}\left[\frac{\partial}{\partial x}(h\tau_{xy})+\frac{\partial}{\partial y}(h\tau_{yy})\right]=\frac{\partial}{\partial x}\left(E_x\frac{\partial h\overline{v}}{\partial x}\right)+\frac{\partial}{\partial y}\left(E_y\frac{\partial h\overline{v}}{\partial y}\right) \tag{4.2-6}$$

式中：E_x、E_y 为水流的涡黏系数，m²/s，可由 Smagorinsky 公式计算：

$$E=C_s^2\Delta\left[\left(\frac{\partial u}{\partial x}\right)^2+\frac{1}{2}\left(\frac{\partial u}{\partial y}+\frac{\partial v}{\partial x}\right)^2+\left(\frac{\partial v}{\partial y}\right)^2\right] \tag{4.2-7}$$

式中：Δ 为单元面积，m²；C_s 为系数，取 $0.25\sim1.0$。

2. 泥沙运动方程

泥沙输移过程同样是个质量守恒的对流-扩散问题，可以用对流-扩散方程来描述：

$$\frac{\partial\overline{c}}{\partial t}+\overline{u}\frac{\partial\overline{c}}{\partial x}+\overline{v}\frac{\partial\overline{c}}{\partial y}=\frac{1}{h}\frac{\partial}{\partial x}\left(hD_x\frac{\partial\overline{c}}{\partial x}\right)+\frac{1}{h}\frac{\partial}{\partial y}\left(hD_y\frac{\partial\overline{c}}{\partial y}\right)+\frac{1}{h}Q_LC_L-S_b \tag{4.2-8}$$

式中：c 为垂线平均含沙量，kg/m³；D_x、D_y 为泥沙的扩散系数，m²/s；Q_L 为单位水平面积的源流量，(m³/s)/m²；C_L 为源（汇）的含沙量，kg/m³；S_b 为含沙量增长或床面侵蚀项，kg/(m³/s)。

式（4.2-8）同样适用于非均匀沙，只要将淤积和冲刷过程与那一组泥沙相应即可。

4.2.1.2　关键技术处理

1. 床面切应力

床面切应力 $\tau_b = (\tau_{bx}, \tau_{by})$ 可由二次阻力分布公式确定：

$$\tau_b = \rho_0 c_f u_b |u_b| \qquad (4.2-9)$$

式中：c_f 为床面拖曳力系数；$u_w = (u_w, v_w)$ 为水流的近底流速，m/s。

对于平面二维计算，u_b 可通过垂线平均流速确定；床面拖曳力系数可由谢才系数 C 或曼宁系数 n 确定：

$$c_f = \frac{g}{C^2} = \frac{n^2 g}{h^{1/3}} \qquad (4.2-10)$$

2. 风应力

没有冰盖下的水流表面切应力 $\tau_s = (\tau_{sx}, \tau_{sy})$ 主要为风应力，可由如下经验公式确定：

$$\tau_s = \rho_a c_d u_w |u_w| \qquad (4.2-11)$$

式中：ρ_a 为大气密度，kg/m³；c_d 为大气对水体的拖曳力系数；$u_w = (u_w, v_w)$ 为海平面以上 10m 高度处的风速，m/s。

c_d 可以是常数，也可以建立与风速有关的公式，可由如下经验关系确定：

$$c_d = \begin{cases} c_a & (w_{10} < w_a) \\ c_a + \dfrac{c_b - c_a}{w_b - w_a}(w_{10} - w_a) & (w_a \leqslant w_{10} < w_b) \\ c_b & (w_{10} \geqslant w_b) \end{cases} \qquad (4.2-12)$$

式中：c_a、c_b、w_a 和 w_b 为经验值，一般来说，$c_a = 1.255 \times 10^{-3}$、$c_b = 2.425 \times 10^{-3}$、$w_a = 7\text{m/s}$ 和 $w_b = 25\text{m/s}$；w_{10} 为海平面以上 10m 高度处的实测风速，m/s。

3. 泥沙沉降速度

泥沙的沉降速度与泥沙的颗粒大小有关，单颗粒泥沙的沉速可用 Stokes 公式计算：

$$\omega_s = \frac{(\rho_s - \rho)g d^2}{18 \upsilon} \qquad (4.2-13)$$

式中：ρ_s 和 ρ 分别为泥沙和水的容重，kg/m³；g 为重力加速度，m/s²；d 为粒径，m；υ 为水流的黏滞性系数，m²/s；ω_s 为泥沙的沉速，m/s。

对于粒径小于 0.004mm 的细颗粒黏性泥沙颗粒，沉速还与絮凝有关。当含沙量较低时，黏性颗粒间的碰撞概率较小，沉速与单颗粒泥沙接近。随着含沙量的增加，颗粒间的碰撞概率大大增加，形成絮凝体，从而导致沉速的增大，可用下式描述：

$$\omega_s = \omega_{s0}(1 - \alpha e^{\beta C}) \qquad (4.2-14)$$

式中：α、β 为率定系数，通常取 $\alpha = 0.5$，$\beta = -0.33$。

4. 泥沙淤积

泥沙淤积是泥沙颗粒从水体至床面的过程。当床面切应力 τ_b 小于淤积临界切应力 τ_{cd} 时，发生淤积。i 组泥沙的淤积率为

$$D^i = \omega_s^i c_b^i P_D^i \qquad (4.2-15)$$

$$P_D^i = \max\left[0, \min\left(1, 1 - \frac{\tau_b}{\tau_{cd}^i}\right)\right] \qquad (4.2-16)$$

式中：P_D^i 为泥沙颗粒淤积到床面的概率；ω_s^i 为 i 组泥沙沉速，m/s；c_b 为 i 组泥沙的近底含沙量，kg/m³。

在二维数学模型中，近底含沙量无法直接计算得到，可假定含沙量 Teeter 分布或 Rouse 分布，通过建立近底含沙量与垂线平均含沙量的关系而得。

5. 床面冲刷

冲刷是泥沙从床面到水体的过程，发生在床面切应力 τ_b 大于冲刷临界切应力 τ_{ce} 时。每一层床面的物理性质不变，冲刷只考虑在表层的活动层中发生。冲起物的组成与活动层的泥沙组成有关。

对于高度密实床面，第 j 层的冲刷率由 Metha 等公式表示：

$$E^j = E_0^j p_E^{jE_m} \qquad (4.2-17)$$

$$p_E^j = \max\left(0, \frac{\tau_b}{\tau_{ce}^j} - 1\right) \qquad (4.2-18)$$

式中：p_E^j 为泥沙从床面冲起的概率；E_0 为冲刷率系数，kg/(m²/s)；E_m 为指数。

对于松软或未充分固结的床面，其冲刷率可表示为

$$E = E_0^j \cdot e^{a(\tau_b - \tau_{ce}^j)} \qquad (4.2-19)$$

以上各式中，E_0 为床面的侵蚀系数，通常为 0.000005～0.00002kg/(m²/s)，可经模型调试确定，对于硬床面，可取 0.0001kg/(m²·s⁻¹) 左右；α 为系数，取值为 4.2～25.6。

6. 床面冲淤量

根据沙量平衡原理，由单位时间内的泥沙淤积量与冲刷量之差可以计算一个时间步长内的单位泥沙冲淤量 ΔW_s^i：

$$\Delta W_s^i = (D_i - E_i)\Delta t \qquad (4.2-20)$$

式中：i 为单元编号。当 $\Delta W_s^i > 0$ 时为淤积，$\Delta W_s^i < 0$ 为冲刷。由此，可以计算一个时间步长内床面的单位面积冲淤厚度，对床面高程及可冲层厚度进行实时调整。

7. 泥沙扩散系数的确定

合理选择泥沙扩散系数是非常困难的，理想的方法是用实测资料率定，但往往缺乏有效的泥沙过程实测资料，因为泥沙的扩散是一个时间尺度很长的过程（以月或年计）。所以，一般用经验估算泥沙扩散系数。本模型在整个计算域给定一个常数，或认为泥沙的扩散系数与水流的涡动黏性系数成比例。太大的扩散系数容易导致模型的不稳定。在实际模拟中，不大可能事先判断出模型可用的泥沙扩散系数的上限。如果取值偏大，导致模型失稳，就需要减小时间步长。就模型稳定考量，选用的泥沙扩散系数通常应满足：

$$\left(\frac{D_x}{\Delta x^2} + \frac{D_y}{\Delta y^2}\right)\Delta t \leqslant 0.5 \qquad (4.2-21)$$

式中：D_x、D_y 分别为 x、y 方向的扩散系数，m²/s；Δx、Δy 为 x、y 方向的网格长度，m；Δt 为时间步长，s。

式（4.2-21）适用于纯扩散问题，但通常模拟中同时包含对流项，所以扩散系数的上限一般应小于 0.5。

4.2.1.3　模型的数值解法

本模型采用基于三角形网格的有限体积法对水流连续方程、运动方程和泥沙输移方程进行离散并求解。

在直角坐标系中，垂线平均二维水流连续和运动方程可统一写为

$$\frac{\partial \boldsymbol{U}}{\partial t} + \frac{\partial (\boldsymbol{F}_x^I - \boldsymbol{F}_x^v)}{\partial x} + \frac{\partial (\boldsymbol{F}_y^I - \boldsymbol{F}_y^v)}{\partial y} = \boldsymbol{S} \qquad (4.2-22)$$

其中，

$$\boldsymbol{U} = \begin{bmatrix} h \\ h\overline{u} \\ h\overline{v} \end{bmatrix}$$

$$\boldsymbol{F}_x^I = \begin{bmatrix} h\overline{u} \\ h\overline{u}^2 + \dfrac{1}{2}g(h^2 - d^2) \\ h\overline{u}\,\overline{v} \end{bmatrix}, \quad \boldsymbol{F}_x^v = \begin{bmatrix} 0 \\ hA\left(2\dfrac{\partial \overline{u}}{\partial x}\right) \\ hA\left(\dfrac{\partial \overline{u}}{\partial y} + \dfrac{\partial \overline{v}}{\partial x}\right) \end{bmatrix}$$

$$\boldsymbol{F}_y^I = \begin{bmatrix} h\overline{v} \\ h\overline{v}\,\overline{u} \\ h\overline{v}^2 + \dfrac{1}{2}g(h^2 - d^2) \end{bmatrix}, \quad \boldsymbol{F}_y^v = \begin{bmatrix} 0 \\ hA\left(\dfrac{\partial \overline{u}}{\partial y} + \dfrac{\partial \overline{v}}{\partial x}\right) \\ hA\left(2\dfrac{\partial \overline{v}}{\partial x}\right) \end{bmatrix}$$

$$\boldsymbol{S} = \begin{bmatrix} 0 \\ g\zeta\dfrac{\partial d}{\partial x} + \dfrac{\tau_{sx}}{\rho_0} - \dfrac{\tau_{bx}}{\rho_0} + hu_s \\ g\zeta\dfrac{\partial d}{\partial y} + \dfrac{\tau_{sy}}{\rho_0} - \dfrac{\tau_{by}}{\rho_0} + hv_s \end{bmatrix}$$

对式（4.2-22）在单元 i 上进行积分，并运用高斯定律可以得到单元上的积分方程为

$$\int_{A_i} \frac{\partial \boldsymbol{U}}{\partial t}\mathrm{d}\Omega + \int_{\Gamma_i} (\boldsymbol{F}\cdot\boldsymbol{n})\mathrm{d}s = \int_{A_i} \boldsymbol{S}(\boldsymbol{U})\mathrm{d}\Omega \qquad (4.2-23)$$

式中：A_i 为单元面积，m^2；Ω 为函数在 A_i 上的积分变量；Γ_i 为 i 单元的边界；s 为边界上的积分变量；$\boldsymbol{n}$ 为边界上的法向单位矢量。

将单元上的变量用单元质心值代表，式（4.2-23）可改写成

$$\frac{\partial U_i}{\partial t} + \frac{1}{A_i}\sum_{j}^{NS} \boldsymbol{F}\cdot\boldsymbol{n}\Delta\Gamma_j = S_i \qquad (4.2-24)$$

式中：U_i 和 S_i 分别为 U 和 S 在单元中的平均值，以质心点代表；NS 为单元的边界数；n_j 和 $\Delta\Gamma_j$ 分别为 i 单元 j 边界的单位法向矢量及边界长度。

由此，可方便地用一阶或二阶精度数值方式离散方程（4.2-24），用 Rienamn 算法求解单元之间交界面的水流交换量，用线性梯度重构技术可使计算具有二阶精度。用 Jawahar 和 Jamath 计算各变量的空间梯度分布。用同样的方法求解含沙量变化，并根据悬沙与床沙的交换量计算单元内的泥沙冲淤量及冲淤厚度。

4.2.2　模型率定和验证

4.2.2.1　糙率系数率定

水位率定的目的在于选择适合本河段的河道糙率系数，采用河段内水位站新厂站的2008年汛后至2009年汛前的水位资料进行了阻力系数的率定，率定结果见图4.2-1。虽然计算值与实测值有一定的偏差，但基本上无论高水位还是低水位，计算水位与实测水位均沿45°线较均匀分布，说明所率定的河道糙率是合适的。率定得到的糙率为0.016～0.027（见图4.2-2），在40000m³/s流量以下河段糙率随流量减少而增大。

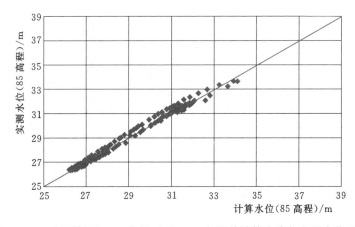

图4.2-1　新厂断面2008年汛后至2009年汛前计算水位与实测水位比较

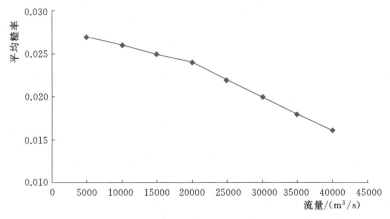

图4.2-2　率定得到的河段平均糙率与流量关系

4.2.2.2　水位与流速分布验证

利用周天水道和藕池口水道2014年2月实测资料对水位和断面横向流速分布进行了验证，测量时的流量在6300m³/s左右。两个水道布设的断面位置见图4.2-3。水位验证计算结果见表4.2-1和表4.2-2，由此可见，数学模型计算的水位与实测值相比，误差较小，其相差值一般在±5cm以内。

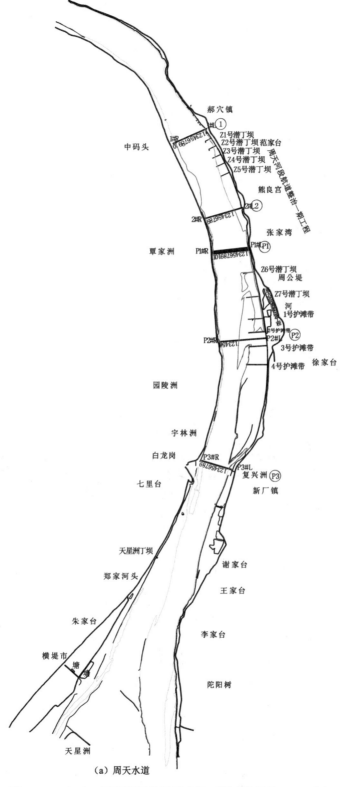

（a）周天水道

图 4.2-3（一）　测流断面位置示意图（测时流量约 6300m³/s）

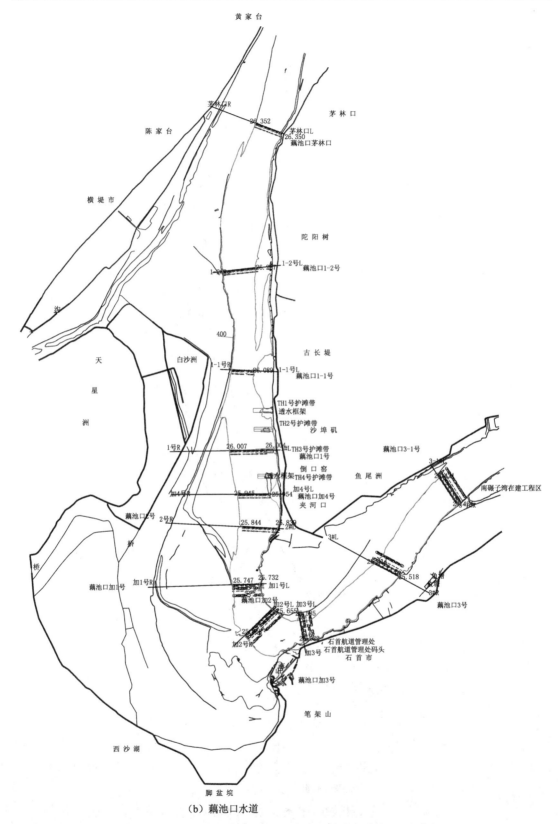

（b）藕池口水道

图 4.2-3（二）　测流断面位置示意图（测时流量约 6300m³/s）

表 4.2-1　　　　　　　　　　　周 天 水 道 水 位 验 证

断　面	实测水位/m	计算水位/m	误差/m	断　　面	实测水位/m	计算水位/m	误差/m
1 号	26.65	26.68	+0.03	P2 号	26.25	26.23	−0.02
2 号	26.50	26.52	+0.02	P3 号	26.13	26.09	−0.04
P1 号	26.37	26.38	+0.01				

表 4.2-2　　　　　　　　　　　藕池口水道水位验证

断面	实测水位/m	计算水位/m	误差/m	断面	实测水位/m	计算水位/m	误差/m
茅林口	26.35	26.33	−0.02	加 1 号	25.74	25.77	+0.03
1-2 号	26.23	26.28	+0.05	加 2 号	25.66	25.68	+0.02
1-1 号	26.09	26.07	−0.02	加 3 号	25.59	25.56	−0.03
1 号	26.01	26.00	−0.01	3 号	25.52	25.51	−0.01
加 4 号	25.95	25.97	+0.02	3-1 号	25.42	25.38	−0.04
2 号	25.84	25.87	+0.03				

各测流断面流速分布验证结果见图 4.2-4 和图 4.2-5。由此可见，计算的与实测的断面流速分布符合较好，主流位置基本一致。经统计，各测流垂线流速计算值与实测值误差一般在 0.2m/s 以内。

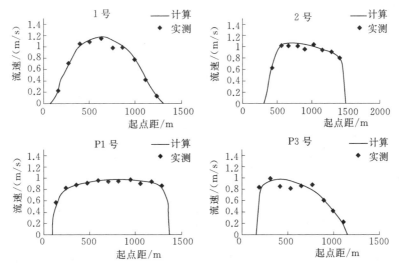

图 4.2-4　周天水道测流断面流速分布验证结果图（$Q=6300\text{m}^3/\text{s}$）

4.2.2.3　冲淤量验证

1. 现状冲刷量分析

采用 2008 年 10 月和 2013 年 10 月的两次地形资料进行了计算河段的冲淤分析，并对模型进行了冲淤量及冲淤分布的验证。两期地形分别如图 4.2-6 和图 4.2-7 所示。计算河段长度约 67km，除藕池口至石首段，主槽宽度为 1000~2000m，地形高程−11.4~44.5m，最深点位于石首弯道。

2008 年 10 月和 2013 年 10 月 5 年间的地形冲淤变化见表 4.2-3 和图 4.2-8。受三峡水库蓄水拦沙的影响，荆江河段总体呈现冲刷状态，公安至柴码头河段在冲淤分布上有冲

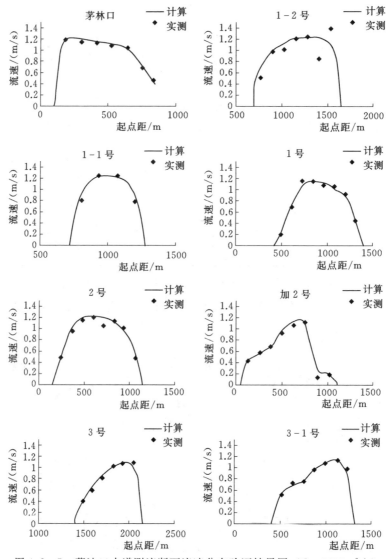

图 4.2-5　藕池口水道测流断面流速分布验证结果图（$Q=6300\mathrm{m^3/s}$）

有淤，平面格局有所变化，顺直河段主槽刷深，弯道河段，凹冲凸淤，主流动力轴线有所变化，冲淤幅度大，冲淤厚度为 $-21\sim+13\mathrm{m}$，但各河段总体上仍为冲刷状态，5年间各河段的冲淤量见表 4.2-3，公安至柴码头河段共冲刷 7150 万 $\mathrm{m^3}$，单位河长的冲刷强度为 106.7 万 $\mathrm{m^3/km}$；从分河段来看，公安至郝穴、郝穴至新厂、新厂至藕池和藕池至柴码头河段的 5 年冲刷量分别为 2423.00 万 $\mathrm{m^3}$、1688.4 万 $\mathrm{m^3}$、914.7 万 $\mathrm{m^3}$ 和 2124.5 万 $\mathrm{m^3}$，分别占全河段的 33.9%、23.6%、12.8% 和 29.7%；冲刷强度上以新厂至藕池河段略小，为 77.5 万 $\mathrm{m^3/km}$，为全河段平均冲刷强度的 72.6%，郝穴至新厂相对较大，单位河长冲刷强度为 118.9 万 $\mathrm{m^3/km}$，为全河段平均冲刷强度的 111.4%。

2. 验证结果

图 4.2-9 给出 2008 年 10 月至 2013 年 10 月计算冲淤分布图，计算得到的公安至柴码头河段河床总体处于冲刷状态，冲淤幅度一般为 $-20\sim+10\mathrm{m}$，主要表现为河槽、低滩

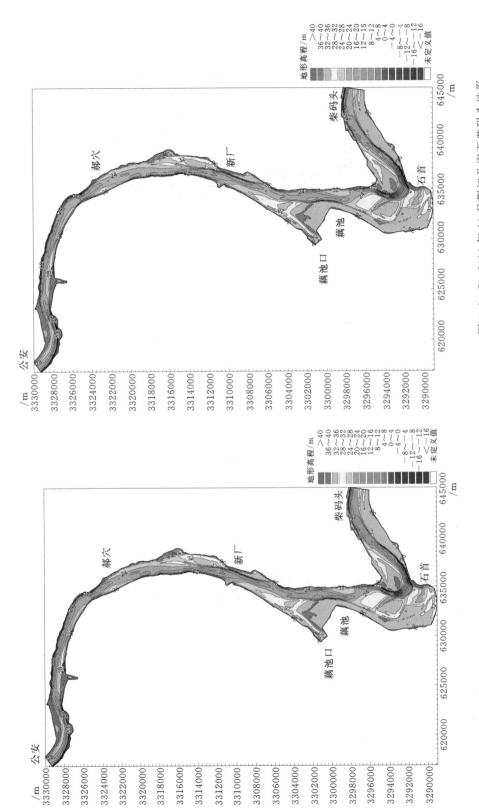

图 4.2 - 7　2013 年 10 月荆江公安至柴码头地形
（北京 54 坐标系、1985 年高程）

图 4.2 - 6　2008 年 10 月荆江公安至柴码头地形
（北京 54 坐标系、1985 年高程）

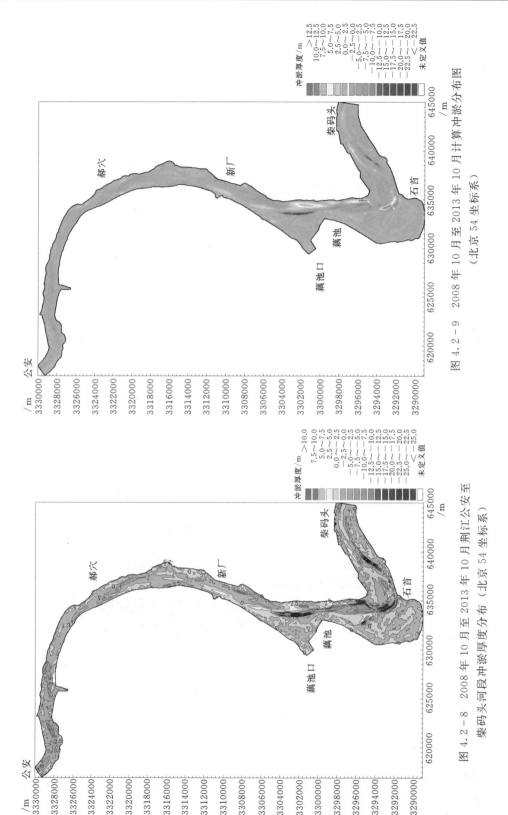

图 4.2-9　2008 年 10 月至 2013 年 10 月计算冲淤分布图（北京 54 坐标系）

图 4.2-8　2008 年 10 月至 2013 年 10 月荆江公安至柴码头河段冲淤厚度分布（北京 54 坐标系）

表 4.2 - 3　　2008 年 10 月至 2013 年 10 月公安至柴码头河段冲刷量及冲刷强度

河　　段	冲刷体积/万 m³	河段长/km	单位冲刷强度/(万 m³/km)
公安—郝穴	2423.0	21.8	111.1
郝穴—新厂	1688.4	14.2	118.9
新厂—藕池	914.7	11.8	77.5
藕池—柴码头	2124.5	19.2	110.7
合计	7150.6	67.0	106.7

冲刷，且幅度较大，高滩地略有淤积，部分急弯段出现滩地冲刷和撇弯现象。从冲淤的沿程分布来看，在水流较集中的河段，河槽冲刷幅度较大，在有护滩工程处滩地一般出现淤积。总的冲淤格局与实测地形分析成果基本一致。

2008 年 10 月至 2013 年 10 月公安至柴码头河段冲刷量计算与实测分析值比较见表 4.2 - 4。根据两次实测地形统计，全河段实测冲刷总量约 7150 万 m³，而验证计算冲刷总量约 7512.4 万 m³，相对误差约 +5.1%，各分段冲淤量相对误差均在 15% 以内。

表 4.2 - 4　　　　　　　　2008 年 10 月至 2013 年 10 月公安至柴码头河段
冲刷量计算与实测分析值比较

河　　段	实测冲刷体积/万 m³	计算冲刷体积/万 m³	计算值—实测值/万 m³	相对误差/%
公安—郝穴	2423.0	2704.5	281.5	11.62
郝穴—新厂	1688.4	1803.0	114.6	6.79
新厂—藕池	914.7	1051.7	137.0	14.98
藕池—柴码头	2124.5	1953.2	−171.3	−8.06
合计	7150.6	7512.4	361.8	5.06

4.2.3　冲淤变化趋势

4.2.3.1　水沙条件

计算水沙系列为 1991—2000 年，考虑三峡、溪洛渡、向家坝等大型已建水库蓄水拦沙，以及后期金沙江梯级水库联合运用；计算时限为 2013—2032 年，共 20 年。计算河段进、出口水沙条件由一维数模计算成果给出。计算起始地形基础为 2013 年 10 月地形（见图 4.2 - 7）。

计算河段进口断面的水沙条件见表 4.2 - 5 和图 4.2 - 10、图 4.2 - 11。年水量变化较小，多年平均为 4100 亿 m³ 左右；20 年年均来沙量为 0.633 亿 t，但年际变化较大，两个 10 年系列间沙量减小、粒径细化。前 10 年年均来沙量为 0.748 亿 t，后 10 年为 0.517 亿 t，后 10 年系列年均来沙减小 0.231 亿 t，约减小 31%；前 10 年来沙中值粒径为 0.113mm，后 10 年为 0.008mm，细化明显。

表 4.2－5　　　　　　　　　　进 口 断 面 水 沙 条 件

年份	水量/亿 m³	年均来沙量/亿 t	含沙量/亿 t	D50/mm
2013	4162	1.175	0.282	0.127
2014	3940	0.685	0.174	0.162
2015	4321	0.758	0.175	0.041
2016	3417	0.264	0.077	0.274
2017	4025	0.570	0.141	0.113
2018	4099	0.625	0.152	0.159
2019	3563	0.493	0.138	0.156
2020	4800	1.710	0.356	0.026
2021	4499	0.682	0.152	0.024
2022	4399	0.523	0.119	0.021
2023	4112	0.682	0.166	0.011
2024	3929	0.372	0.095	0.012
2025	4301	0.600	0.140	0.009
2026	3415	0.102	0.030	0.006
2027	4016	0.395	0.098	0.009
2028	4082	0.382	0.094	0.007
2029	3546	0.270	0.076	0.007
2030	4756	1.365	0.287	0.009
2031	4478	0.521	0.116	0.007
2032	4364	0.477	0.109	0.007
2013—2022 年平均	4122	0.748	0.182	0.113
2023—2032 年平均	4100	0.517	0.126	0.008
2013—2032 年平均	4111	0.633	0.154	0.020

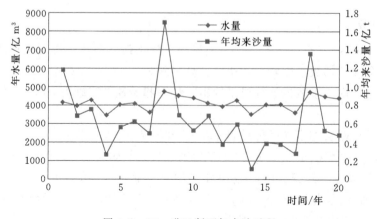

图 4.2－10　进口断面年水沙过程

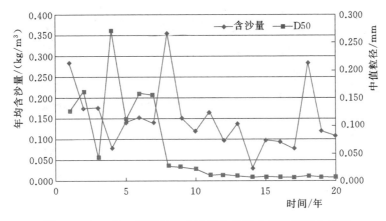

图 4.2-11　进口断面年均含沙量及悬沙中值粒径变化过程

4.2.3.2　冲淤变化分析

图 4.2-12、图 4.2-13 和表 4.2-6 为公安至柴码头河段累计冲淤过程和冲淤量变化预测情况。由图表可见：

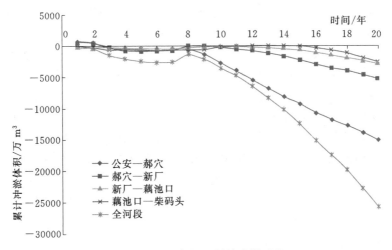

图 4.2-12　各河段累计冲淤过程

表 4.2-6　　　　　　　　　　　河段累计不同时期冲淤量变化表　　　　　　　　　　　单位：万 m³

时间	公安—郝穴	郝穴—新厂	新厂—藕池口	藕池口—柴码头	全河段
2020 年末	−408	−32	−283	−577	−1299
2022 年末	−2814	−259	−40	−345	−3457
2032 年末	−15027	−5330	−2767	−2654	−25777

计算前 2 年（2013—2014 年），进入本河段的含沙量达 0.2kg/m³，来沙颗粒较粗，公安至郝穴河段呈现回淤状况，淤积量为 540 万 m³，郝穴以下河段略冲，全河段冲刷 365 万 m³。

与来水来沙条件相应，至计算 2020 年末，由于上游来沙较大，泥沙粒径粗，各河段

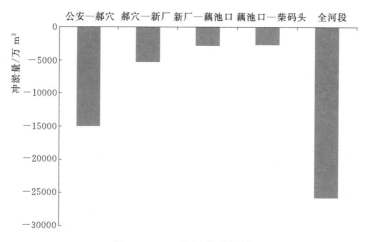

图 4.2 - 13　各河段冲淤量

为微冲状态，公安至郝穴、郝穴至新厂、新厂至藕池口、藕池口至柴码头和全河段的累计冲淤量分别为 −408 万 m³、−32 万 m³、−283 万 m³、−577 万 m³、−1299 万 m³，全河段年均冲淤量为 −162 万 m³，只为 2008 年 10 月至 2013 年 10 月实测地形分析的年均冲淤量为 −1430 万 m³ 的 11.3%，说明随着三峡水库的运用时间推移，荆江公安至柴码头河段冲刷强度逐渐减小。

2020 年后，由于考虑了金沙江梯级水库的运用，进入本河段的含沙量下降，由前 8 年的 0.194kg/m³ 下降到后 12 年的 0.128kg/m³，尤其是泥沙颗粒由 0.145mm 细化到 0.009mm，本河段又开始了新一轮的冲刷过程。

至 2022 年末，公安至郝穴、郝穴至新厂、新厂至藕池口、藕池口至柴码头和全河段累计冲淤量分别为 −2814 万 m³、−259 万 m³、−40 万 m³、−345 万 m³ 和 −3457 万 m³。

2022 年后全河段持续较大幅度的冲刷，至 2032 年末，公安至郝穴、郝穴至新厂、新厂至藕池口、藕池口至柴码头的累计冲淤量分别为 −15027 万 m³、−5330 万 m³、−2767 万 m³、−2654 万 m³，全河段冲刷 25777 万 m³；单位河长冲刷强度分别为 689 万 m³/km、375 万 m³/km、234 万 m³/km 和 138 万 m³/km，全河段平均为 385 万 m³/km。可见，上游段冲刷强度大、下游河段冲刷强度小，说明新一轮冲刷为自上而下的沿程冲刷。

图 4.2 - 14 给出了计算 2032 年末的冲淤分布。由图 4.2 - 14 可见，受上游来沙少、来沙细的影响，进口段河段主槽冲刷极为剧烈，其他顺直河段主槽及低滩均有所冲刷，弯道河段向凹岸发展，主槽刷深。

2032 年末，冲淤厚度分布：黄林垱以上区段，河床冲淤厚度为 −23.9～+8.7m，黄林垱河段冲淤厚度为 −17.1～+6.7m，黄林垱至蛟子渊冲淤厚度为 −14.4～+5.3m，蛟子渊河段冲淤厚度为 −4.9～+4.4m，蛟子渊至鱼尾洲河段冲淤厚度为 −21.1～+9.8m，鱼尾洲及以下河段冲淤厚度为 −16.6～+6.7m。

4.2.4　水位变化分析

根据计算初始和计算 2032 年末的公安和新厂断面的计算值点绘水位-流量关系，如图 4.2 - 15 所示，得到两断面的水位变化情况，见表 4.2 - 7 和表 4.2 - 8。由此可见：

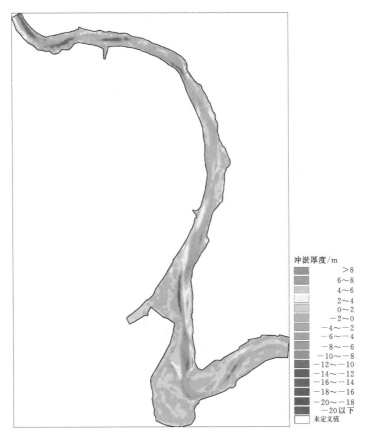

图 4.2 - 14　计算 2032 年末的冲淤分布图

表 4.2 - 7　　　　　　　　　　　　　公安断面水位变化比较表

流量/(m³/s)	初始水位/m	2032 年末水位/m	2032 年末水位下降/m
6000	27.12	24.62	2.50
10000	29.94	27.57	2.37
20000	34.24	32.14	2.09
30000	37.03	35.17	1.87
40000	39.16	37.48	1.67
50000	40.88	39.38	1.50

表 4.2 - 8　　　　　　　　　　　　　新厂断面水位变化比较表

流量/(m³/s)	初始水位/m	2032 年末水位/m	2032 年末水位下降/m
6000	25.63	23.98	1.65
10000	28.44	26.90	1.54
20000	32.75	31.44	1.31
30000	35.57	34.44	1.13
40000	37.72	36.74	0.97
50000	39.47	38.63	0.84

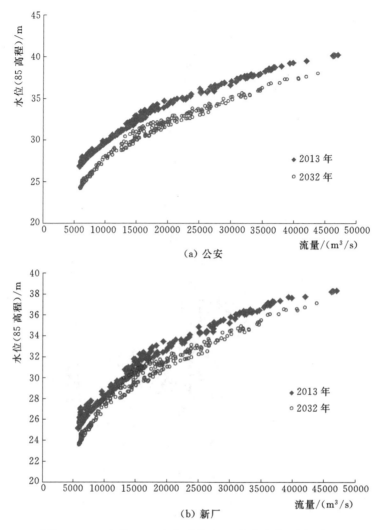

图 4.2-15　初始 2013 年与计算 2032 年末水位-流量关系

（1）随着冲刷的发展，公安和新厂断面的同流量水位下降，枯水流量下降多，流量增大水位下降减小。公安断面枯水流量 6000m³/s 时 2032 年末水位下降 2.50m，中水流量 30000m³/s 时水位下降 1.87m，洪水流量 50000m³/s 时水位下降 1.50m。

（2）由于考虑金沙江梯级联合运用后，来沙少而细，公安至郝穴河段冲刷强度大，公安断面的水位下降值比新厂大。枯水流量 6000m³/s 时新厂水位下降 1.87m，比公安少降 0.63m；中水流量 30000m³/s 时新厂水位下降 1.13m，比公安少降 0.74m；洪水流量 50000m³/s 时新厂水位下降 0.84m，比公安少降 0.66m。

4.2.5　汊道段分流比变化

藕池口的分流比为藕池口分流量与该河段进口流量之比。在沙市多年平均流量 11900m³/s 以下，藕池口不分流，为此比较分析了防洪设计流量和中小流量 20000m³/s 下的藕池口分流比变化，见表 4.2-9。

| 表 4.2 - 9 | | 藕池口分流比变化表 | | | |

流量级 /(m³/s)	2013年初始分流比值/%	2022年末		2032年末	
		分流比值/%	分流比变化值/%	分流比值/%	分流比变化值/%
防洪设计流量	11.1	10.07	-1.03	9.36	-1.74
20000	4.1	3.65	-0.45	3.07	-1.03

由表 4.2 - 9 可知，与现状条件下分流比相比，冲淤后藕池口分流比有所减小。洪、中流量条件下，计算初始藕池口的分流比分别为 11.1% 和 4.1%；2022年末藕池口分流比变为 10.07% 和 3.65%，洪、中流量条件下减小值分别约 1.03%、0.45%；2032年末藕池口分流比变为 9.36% 和 3.07%，洪、中流量条件下减小值分别约 1.74%、1.03%。

4.3　柴码头至陈家马口河段平面二维水沙数学模型计算与趋势预测

4.3.1　数学模型率定和验证

柴码头至陈家马口河段所用数学模型与杨家脑至公安河段所用数学模型相同，其原理在此不再赘述，其率定和验证过程如下。

4.3.1.1　水流率定和验证

1. 实测水文资料

2014年2月22日（施测时流量约6500m³/s）柴码头至塔市驿段10个水尺（碾子湾1号、2号、调莱1号～调莱8号）的实测水位资料。

2009年9月3日（施测时流量约20500m³/s）柴码头至塔市驿段8条测流断面（CS1～CS8）实测水位资料和断面流速分布资料。

2014年2月12日（施测时流量约6300m³/s）塔市驿至陈家马口段6条测流断面（窑监1号～窑监5号、大马洲1号）实测水位资料、断面流速分布资料。

2014年2月12日（施测时流量约6300m³/s）和2008年10月11日（施测时流量约16360m³/s）乌龟洲左汊分流比资料。

水文测验布置如图 4.3 - 1 所示。

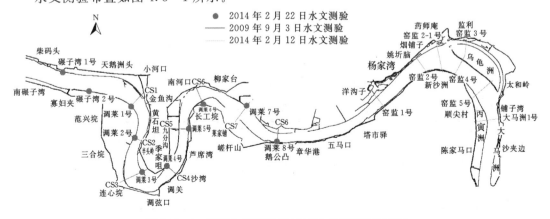

图 4.3 - 1　柴码头至陈家马口河段水文测验布置图

2. 水位率定与验证

水位率定、验证计算结果见表 4.3－1～表 4.3－3，由此可见，数学模型计算的水位与实测值相比，误差较小，其相差值一般在 5cm 以内。经上述率定与验证，得到本河段河床初始糙率约 0.022～0.028。

表 4.3－1 　　　　　　　　　　　2014 年 2 月 22 日水位率定结果表　　　　　　　　　　单位：m

位置	实测	计算	误差	位置	实测	计算	误差
碾子湾 1 号	24.65	24.67	＋0.02	调莱 4 号	24.10	24.12	＋0.02
碾子湾 2 号	24.60	24.57	－0.03	调莱 5 号	23.93	23.97	＋0.04
调莱 1 号	24.47	24.43	－0.04	调莱 6 号	23.83	23.85	＋0.02
调莱 2 号	24.27	24.30	＋0.03	调莱 7 号	23.64	23.68	＋0.04
调莱 3 号	24.17	24.22	＋0.05	调莱 8 号	23.47	23.48	＋0.01

表 4.3－2 　　　　　　　　　　　2009 年 9 月 3 日水位验证结果表　　　　　　　　　　单位：m

位置	实测	计算	误差	位置	实测	计算	误差
CS1	31.96	31.97	＋0.01	CS5	31.23	31.19	－0.04
CS2	31.72	31.69	－0.03	CS6	31.03	31.04	＋0.01
CS3	31.58	31.60	＋0.02	CS7	30.79	30.83	＋0.04
CS4	31.37	31.40	＋0.03	CS8	30.57	30.59	＋0.02

表 4.3－3 　　　　　　　　　　　2014 年 2 月 12 日水位验证结果表　　　　　　　　　　单位：m

位置	实测	计算	误差	位置	实测	计算	误差
窑监 1 号	22.92	22.90	－0.02	窑监 4 号	22.39	22.42	＋0.03
窑监 2 号	22.68	22.70	＋0.02	窑监 5 号	22.20	22.23	＋0.03
窑监 3 号	22.49	22.48	－0.01	大马洲 1 号	22.01	22.02	＋0.01

3. 断面流速分布验证

各测流断面流速分布验证结果见图 4.3－2。由图 4.3－2 可见，计算的与实测的断面流速分布符合较好，主流位置基本一致。经统计，各测流垂线流速计算值与实测值误差一般在 0.2m/s 以内。

4. 汊道分流比验证

计算河段内有乌龟洲汊道。采用 2014 年 2 月、2008 年 10 月实测乌龟洲左汊分流比进行验证。从表 4.3－4 中可看出，验证结果较好，计算值与实测值相差 0.09% 以内。

表 4.3－4 　　　　　　　　　　　　　乌龟洲左汊分流比验证

类别	监利 $Q=6300 \mathrm{m^3/s}$ （2014 年 2 月）	监利 $Q=16360 \mathrm{m^3/s}$ （2008 年 10 月）
实测/%	4.96	8.50
计算/%	4.87	8.55
差值/%	－0.09	＋0.05

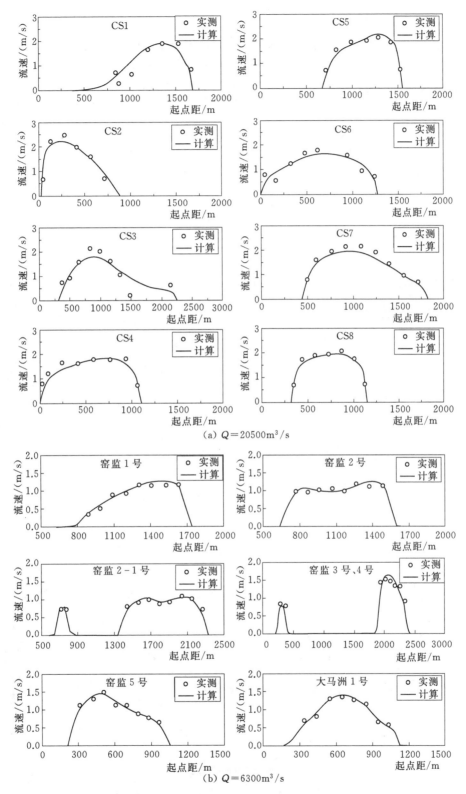

（a）$Q = 20500\text{m}^3/\text{s}$

（b）$Q = 6300\text{m}^3/\text{s}$

图 4.3-2　测流断面流速分布验证结果图

4.3.1.2 河床冲淤验证

采用 2008 年 10 月实测 1/10000 河道地形资料作为起始地形和 2013 年 10 月实测 1/10000 河道地形资料作为终止地形，进行河床冲淤验证计算分析。表 4.3-5 为验证河段分段冲淤验证对比表；图 4.3-3 为实测和计算冲淤厚度分布验证对比图；图 4.3-4 为典型断面地形验证对比图。

表 4.3-5　　　　　柴码头至陈家马口河段各分段冲淤量验证对比表

河　　段	实测/万 m³	计算/万 m³	相对误差/%
柴码头—半头岭	−536.8	−516.0	−3.9
半头岭—南河口	−1122.6	−1236.5	+10.1
南河口—塔市驿	+236.6	+202.7	−14.3
塔市驿—烟铺子	−540.7	−505.5	−6.5
烟铺子—陈家马口	−568.8	−596.4	+4.9
柴码头—陈家马口（全河段）	−2532.3	−2651.7	+4.7

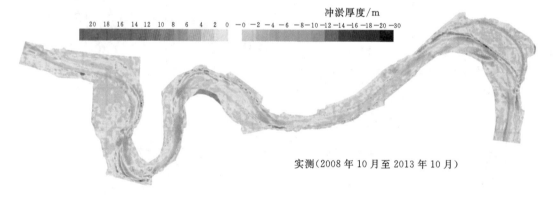

实测（2008 年 10 月至 2013 年 10 月）

（a）实测冲淤厚度分布

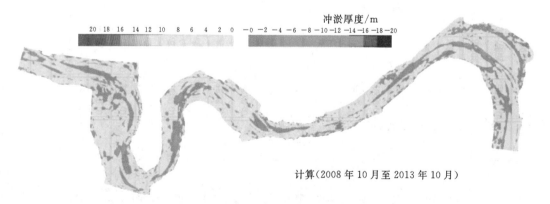

计算（2008 年 10 月至 2013 年 10 月）

（b）验证计算冲淤厚度分布

图 4.3-3　柴码头至陈家马口河段实测和计算冲淤厚度分布验证对比图

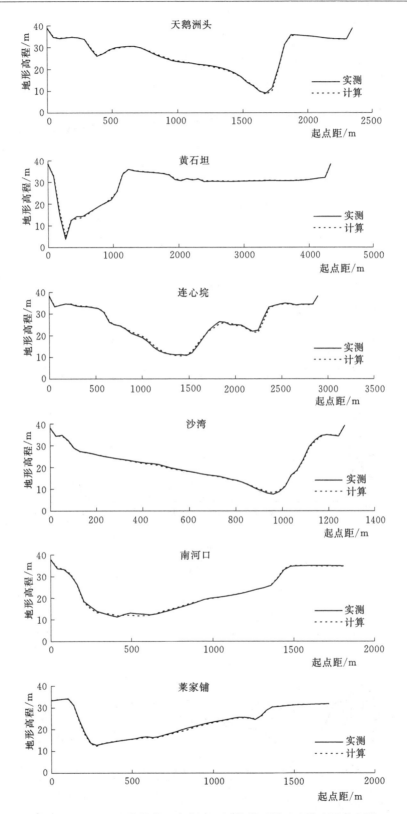

图 4.3-4（一）　柴码头至陈家马口河段典型断面地形验证对比图

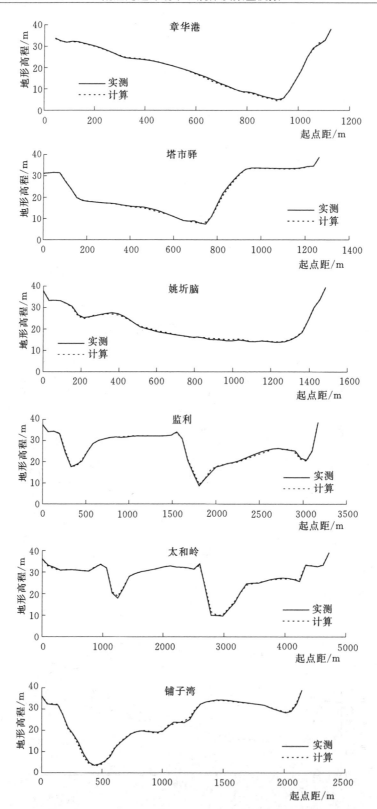

图 4.3-4（二） 柴码头至陈家马口河段典型断面地形验证对比图

由此可见，柴码头至陈家马口河段河床总体处于冲刷状态，冲淤幅度一般在 $-15\sim$ $+10m$，主要表现为河槽、低滩冲刷，且幅度较大，高滩地略有淤积，部分急弯段出现滩地冲刷和撇弯现象。从冲淤的沿程分布来看，在水流较集中的河段，河槽冲刷幅度较大，在有护滩工程处滩地一般出现淤积。

根据两次实测地形统计，验证河段实测冲刷总量约 2532.3 万 m^3，而验证计算冲刷总量约 2651.7 万 m^3，相对误差约 $+4.7\%$，而其他各分段冲淤量相对误差均在 15% 以内。

另根据实测和计算得出的河床冲淤分布和典型断面地形对比也可看出，河床冲淤部位与幅度，计算结果与实测结果基本吻合，相似性较好，模型基本能够反映验证河段的天然冲淤变化状况。

4.3.2　冲淤变化趋势

4.3.2.1　计算水沙等边界条件

计算起始地形为 2013 年 10 月地形，水沙系列为 1991—2000 年，考虑三峡、溪洛渡、向家坝等大型已建水库蓄水拦沙作用；计算时限为 2013—2032 年，共 20 年；计算河段进、出口水沙条件由一维水沙数模计算结果给出。

4.3.2.2　河道冲淤量分析

柴码头至陈家马口河段冲淤量对比见表 4.3-6。

表 4.3-6　　　　　　　柴码头至陈家马口河段各分段冲淤量对比表

河　　段	2022 年末冲淤量/万 m^3	2032 年末冲淤量/万 m^3
柴码头—黄石坦（11.1km）	-1719.2	-4342.9
黄石坦—半头岭（3.0km）	-719.9	-1536.0
半头岭—鹅公凸（25.5km）	-5805.8	-12937.0
鹅公凸—塔市驿（8.4km）	-2194.4	-4574.5
塔市驿—陈家马口（22.0km）	-5314.1	-10602.5
全河段（70km）	-15753.4	-33993.1

由表 4.3-6 可知柴码头至陈家马口河段总体处于冲刷状态。2022 年末、2032 年末全河段冲刷总量分别约 15753.4 万 m^3、33993.1 万 m^3，其中，前 10 年平均冲刷强度约 22.5 万 $m^3/(km \cdot a)$，后 10 年平均冲刷强度约 26.1 万 $m^3/(km \cdot a)$。

2022 年末各分段冲淤量：柴码头至黄石坦区段，冲刷量约 1719.2 万 m^3，冲刷强度 15.5 万 $m^3/(km \cdot a)$；黄石坦至半头岭区段，冲刷量约 719.9 万 m^3，冲刷强度 24.0 万 $m^3/(km \cdot a)$；半头岭至鹅公凸区段，冲刷量约 5805.8 万 m^3，冲刷强度 22.8 万 $m^3/(km \cdot a)$；鹅公凸至塔市驿区段，冲刷量约 2194.4 万 m^3，冲刷强度 26.1 万 $m^3/(km \cdot a)$；塔市驿以下区段（塔市驿—陈家马口），冲刷量约 5314.1 万 m^3，冲刷强度 24.2 万 $m^3/(km \cdot a)$。

2032 年末各分段冲淤量：柴码头至黄石坦区段，冲刷量约 4342.9 万 m^3，冲刷强度 19.6 万 $m^3/(km \cdot a)$；黄石坦至半头岭区段，冲刷量约 1536.0 万 m^3，冲刷强度 25.6 万 $m^3/(km \cdot a)$；半头岭至鹅公凸区段，冲刷量约 12937.0 万 m^3，冲刷强度 25.4 万 $m^3/$

（km·a）；鹅公凸至塔市驿区段，冲刷量约 4574.5 万 m³，冲刷强度 27.2 万 m³/（km·a）；塔市驿以下区段（塔市驿—陈家马口），冲刷量约 10602.5 万 m³，冲刷强度 24.1 万 m³/（km·a）。

4.3.2.3 河床冲淤厚度分布

图 4.3-5 为 2022 年末和 2032 年末柴码头至陈家马口河段河床冲淤厚度分布图。

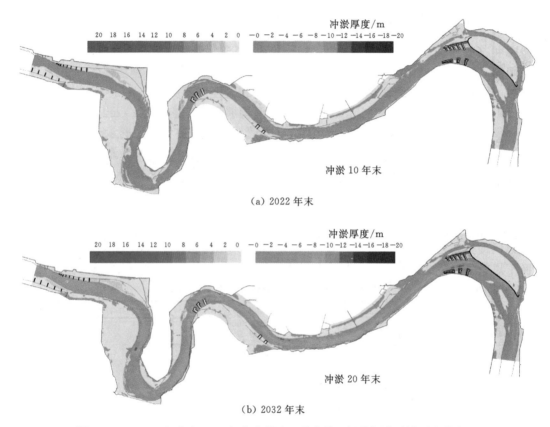

(a) 2022 年末

(b) 2032 年末

图 4.3-5　2022 年末和 2032 年末柴码头至陈家马口河段河床冲淤厚度分布图

从图 4.3-5 中可以看出，柴码头至陈家马口河段河床冲淤交替，平滩以下河槽以冲刷为主，局部近岸河床冲刷较为明显；边滩部位有冲有淤，低滩部位冲刷明显，高滩部位略有淤积；已实施的整治工程部位泥沙有所淤积。

2022 年末本河段冲淤厚度分布：柴码头至黄石坦区段，河槽（平滩水位以下；下同）冲淤厚度为 −10.1～+3.9m，高边滩部位（平滩水位以上；下同）冲淤厚度为 −1.7～+1.8m；黄石坦至半头岭区段，河槽冲淤厚度约 −9.9～+2.0m，高边滩部位冲淤厚度为 −1.2～+1.5m；半头岭至鹅公凸区段，河槽冲淤厚度为 −11.1～+5.9m，高边滩部位冲淤厚度为 −1.1～+1.6m；鹅公凸至塔市驿区段，河槽冲淤厚度为 −11.2～+2.2m，高边滩部位冲淤厚度为 −1.5～+1.3m；塔市驿以下区段（塔市驿—陈家马口），河槽冲淤厚度为 −10.2～+5.3m，高边滩部位冲淤厚度为 −1.3～+1.3m。

2032 年末本河段冲淤厚度分布：柴码头至黄石坦区段，河槽冲淤厚度为 −14.4～

+4.6m，高边滩部位冲淤厚度为−2.0～+2.0m；黄石坦至半头岭区段，河槽冲淤厚度为−14.1～+2.5m，高边滩部位冲淤厚度为−1.5～+1.8m；半头岭至鹅公凸区段，河槽冲淤厚度为−16.1～+5.9m，高边滩部位冲淤厚度为−1.8～+1.9m；鹅公凸至塔市驿区段，河槽冲淤厚度为−15.6～+2.3m，高边滩部位冲淤厚度为−2.0～+1.6m；塔市驿以下区段（塔市驿至陈家马口），河槽冲淤厚度为−16.2～+6.3m，高边滩部位冲淤厚度为−1.9～+1.4m。

4.3.2.4　滩、槽变化分析

以冲淤 2032 年末和初始时的典型地形高程线（30m 线、20m 线、10m 线）平面位置对比进行分析。

图 4.3−6（a）～（c）分别为柴码头至陈家马口河段 30m、20m、10m 地形高程线在初始、冲淤 2032 年末时平面位置对比图。

由图 4.3−6 中可见：柴码头至陈家马口河段在冲淤 20 年后，总体河势格局变化不大，但局部滩、槽冲淤变化较为明显，河槽有冲刷扩展趋势；一般深槽在弯道凹岸向近岸偏移，过渡段左右摆动；局部岸段和边滩（滩缘或低滩部位）冲刷后退；已实施整治工程的部位冲刷受到抑制，局部有所淤积。具体如下：

（1）30m 高程线（滩缘线）变化。左岸，柴码头至小河口边滩沿线中、上段向外淤长约 10～240m，下段后退约 10～80m；黄石坦沿线后退较小；黄石坦下游至半头岭沿线后退约 10～80m；半头岭至季家咀沿线凸岸边滩中、上段后退约 10～150m，下段略有淤长；季家咀至南河口上游沿线后退约 10～50m；南河口至柳家台沿线后退较小；柳家台至铺子湾沿线一般后退约 10～80m；铺子湾以下后退较小。右岸，南碛子湾边滩向外淤长约 50～350m；寡妇夹至连兴垸沿线凸岸边滩上段后退较小，中段后退约 10～100m，下段略有冲淤；连心垸至长工垸沿线后退较小；长工垸凸岸边滩沿线上、下段略有淤长，中间凸顶一带后退约 10～80m；莱家铺至鹅公凸沿线后退约 10～100m；鹅公凸至新沙洲沿线后退较小；新沙洲以下丙寅洲边滩沿线后退约 10～100m。乌龟洲周缘沿线变化较小。

（2）20m 高程线（河槽线）。20m 河槽线总体呈冲刷展宽趋势，一般展宽约 50～300m；其中天鹅洲、三合垸、季家咀、长工垸、新沙洲凸岸边滩凸顶附近 20m 线后退较大，最大可达 500m。

（3）10m 高程线（深槽线）。10m 深槽线冲刷后全程贯通展宽，展宽后的深槽线宽度最窄处约 80m，最宽处约 660m，且深槽在弯道凹岸向近岸偏移。

4.3.2.5　典型断面冲淤变化

以 2032 年末和初始时的典型断面要素（面积、宽深比）对比进行分析。沿程共选取 26 个典型断面，具体见表 4.3−7。由此可见，在平滩河槽下，柴码头至陈家马口河段典型断面初始断面面积为 10840～20137m²、宽深比为 1.37～3.91；在冲淤 20 年后，沿程各断面冲深扩大（图 4.3−7），局部滩缘线后退，断面面积增大，宽深比减小。

计算 2032 年末典型断面变化：天鹅洲头至黄石坦区段，面积增大 33.4%～38.2%、宽深比减小 0.50～1.04；黄石坦至半头岭区段，面积增大 43.0%～63.2%、宽

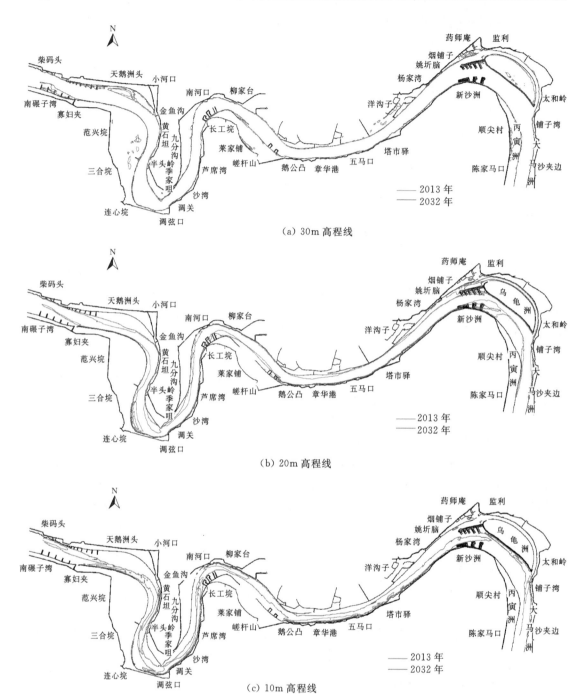

图 4.3-6 柴码头至陈家马口河段 30m、20m、10m 高程线在初始 2013 年与 2032 年末时平面位置对比图

深比减小 0.60～0.76；半头岭至调关区段，面积约增大 22.1%～46.6%、宽深比减小 0.28～0.78；莱家铺至鹅公凸区段，面积增大 31.8%～46.6%、宽深比减小 0.50～0.85，鹅公凸至塔市驿区段，面积增大 36.4%～52.5%、宽深比减小 0.47～0.62；塔市驿至新沙洲区段，面积增大 29.9%～45.3%、宽深比减小 0.57～0.64。

表 4.3 - 7　　　　　　　柴码头至陈家马口河段平滩河槽断面要素变化表

河段	断面位置	面积		宽深比	
		初始面积 /m²	2032 年末面积变化率/%	初始宽深比	2032 年末宽深比变化值
天鹅洲头— 黄石坦	黄石坦+5000m	16082	+36.8	3.67	-0.99
	黄石坦+2000m	13949	+36.2	3.91	-1.04
	黄石坦+500m	17761	+33.4	1.99	-0.50
	黄石坦+100m	18012	+38.2	2.11	-0.58
黄石坦— 半头岭	黄石坦-500m	15682	+43.0	1.97	-0.59
	黄石坦-1100m	13564	+52.2	1.93	-0.66
	半头岭+1000m	11404	+62.1	1.88	-0.72
	半头岭+400m	10840	+63.2	1.95	-0.76
半头岭— 鹅公凸	半头岭-100m	13248	+46.6	1.88	-0.60
	半头岭-500m	17427	+22.1	1.54	-0.28
	半头岭-2000m	20137	+37.6	2.85	-0.78
	半头岭-5000m	15947	+29.7	1.37	-0.31
	鹅公凸+5000m	16197	+37.1	3.15	-0.85
	鹅公凸+2000m	16120	+31.8	2.06	-0.50
	鹅公凸+500m	13454	+45.8	1.65	-0.52
	鹅公凸+100m	13938	+46.6	1.74	-0.55
鹅公凸— 塔市驿	鹅公凸-400m	13252	+52.5	1.80	-0.62
	鹅公凸-1500m	13923	+47.1	1.94	-0.62
	鹅公凸-2700m	14963	+36.4	1.89	-0.51
	塔市驿+3800m	14030	+40.7	1.63	-0.47
	塔市驿+2000m	14030	+40.7	1.63	-0.47
	塔市驿+400m	12518	+46.5	1.65	-0.52
塔市驿— 新沙洲	塔市驿-100m	13965	+45.3	1.84	-0.57
	塔市驿-500m	14675	+42.8	1.92	-0.58
	塔市驿-2000m	15669	+39.2	2.28	-0.64
	塔市驿-5000m	17247	+29.9	2.63	-0.60

注：+（或-）000m 表示在某处断面以上（或以下）的距离。

4.3.2.6　沿程深泓高程变化

以冲淤计算 2032 年末和初始时的沿程深泓高程对比进行分析。初始时，柴码头至陈家马口河段沿程深泓高程为：黄石坦以上区段，约+2.9～+15.7m；黄石坦至半头岭区段，约-7.6～+10.7m；半头岭至鹅公凸区段，约-14.8～+14.2m；鹅公凸至塔市驿区段，约-3.4～+13.2m；塔市驿以下区段，约-6.5～+16.6m。

2032 年末，柴码头至陈家马口河段沿程深泓高程比初始时一般均出现冲刷下降（图

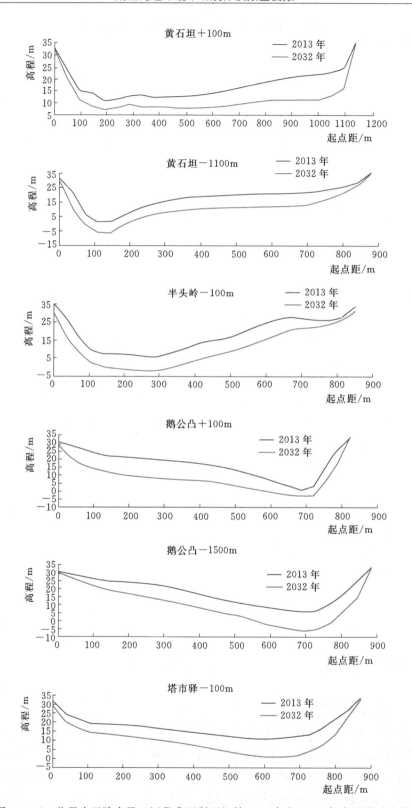

图 4.3-7　柴码头至陈家马口河段典型断面初始 2013 年与 2032 年末地形对比图

4.3-8），个别位置有所淤积抬高。具体深泓变化幅度为：黄石坦以上区段，约－9.4～－2.1m；黄石坦至半头岭区段，约－11.9～－1.4m；半头岭至鹅公凸区段，约－10.8～＋2.4m；鹅公凸至塔市驿区段，约－11.5～＋0.4m；塔市驿以下区段，约－11.1～＋3.0m。

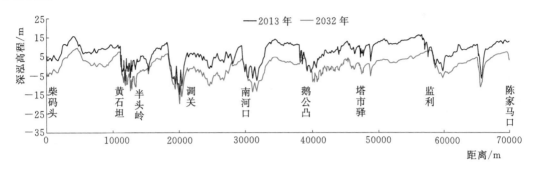

图 4.3-8　柴码头至陈家马口河段沿程深泓高程对比图

4.3.2.7　河道冲淤的综合分析

综上分析可知，柴码头至陈家马口河段多年（2013—2032 年）平均年径流量、输沙量、含沙量分别约 4441.2 亿 m³、0.814 亿 t、0.183kg/m³。本河段在 20 年期间，河床冲淤交替，总体表现为冲刷；2022 年末、2032 年末，全河段累计冲刷总量分别约 15753.4万 m³、33993.1 万 m³，其中前 10 年平均冲刷强度约 22.5 万 m³/(km·a)，后 10 年平均冲刷强度约 26.1 万 m³/(km·a)。冲淤 20 年后，该河段总体河势格局变化不大，但局部滩、槽冲淤变化较为明显，河槽有冲刷扩展趋势，一般深槽在弯道凹岸向近岸偏移，局部岸段和边滩（滩缘或低滩部位）冲刷后退，已实施整治工程的部位冲刷受到抑制，局部有所淤积；2032 年末，本河段平滩河槽冲淤幅度约－16.2～＋6.3m，平均冲深约 4.68m，高滩地冲淤幅度约－2.0～＋2.0m；典型断面平滩河槽过水面积约增大 22.1％～63.2％，宽深比约减小 0.28～1.04；30m 滩缘线，在凹岸沿线受护岸工程约束，后退较小，一般在 80m 内，凸岸边滩沿线后退稍大，特别是凸顶附近，如三合垸段、半头岭至季家咀段、长工垸段，最大后退近 200m，河槽冲深扩展，20m 河槽线一般展宽约 50～300m，10m深槽全线贯通；沿程深泓高程一般均出现冲刷下降（个别位置有所淤积抬高），其变化幅度约－11.9～＋3.0m。

虽然柴码头至陈家马口河段局部岸段和滩地实施了守护工程，对本河段的河势稳定起到了一定的改善作用，但由于本河段蜿蜒曲折，河道边界抗冲性较差，且三峡工程运用以来河床冲淤幅度较大，河槽冲深扩大、深泓向近岸（滩）偏移的基本趋势仍然存在，仍易造成本河段岸、滩的冲刷崩退，滩槽格局仍不稳定，需进一步加强对本河段的观测和研究工作，必要时采取工程措施稳定河势。

4.3.3　水位变化分析

计算水流等边界条件同 4.1.4 节。

表 4.3-8～表 4.3-10 分别为防洪设计流量、多年平均流量、枯水流量条件下柴码头

至陈家马口河段沿程水位变化表。由此可见，本河段河床冲刷下切后沿程水位均出现不同程度的下降，且流量越小，水位下降幅度越大；实施总体方案后，由于对工程区段及其以上河段减小了河床冲刷下切幅度，工程以上河段沿程水位下降幅度相较无方案时的水位下降幅度显著减小，且流量越小，工程抑制水位下降越明显。具体如下：

（1）与现状条件下水位相比，冲淤后本河段沿程水位有所降低。

（2）2022年末，在防洪设计流量、多年平均流量、枯水流量条件下，沿程水位分别降低约 0.44～0.95m、0.79～1.64m、1.70～2.43m。

（3）2032年末，在防洪设计流量、多年平均流量、枯水流量条件下，沿程水位分别降低约 0.67～1.54m、1.27～2.39m、2.50～3.50m。

表 4.3-8　　　　防洪设计流量下柴码头至陈家马口河段沿程水位变化表

位　置	初始水位值/m	10 年末水位下降值/m	20 年末水位下降值/m
柴码头	37.675	0.822	1.431
天鹅洲头	37.649	0.885	1.466
小河口	37.579	0.953	1.540
黄石坦	37.557	0.929	1.490
半头岭	37.333	0.897	1.418
调关	36.894	0.760	1.173
南河口	36.592	0.630	0.988
莱家铺	36.278	0.546	0.834
鹅公凸	36.009	0.435	0.674
最小值	—	0.44	0.67
最大值	—	0.95	1.54

表 4.3-9　　　　多年平均流量下柴码头至陈家马口河段沿程水位变化表

位　置	初始水位值/m	10 年末水位下降值/m	20 年末水位下降值/m
柴码头	28.278	1.641	2.392
天鹅洲头	27.891	1.342	2.056
小河口	27.794	1.309	2.005
黄石坦	27.778	1.303	1.994
半头岭	27.570	1.188	1.844
调关	27.405	1.116	1.733
南河口	27.143	1.003	1.557
莱家铺	26.943	0.891	1.403
鹅公凸	26.761	0.794	1.269
最小值	—	0.79	1.27
最大值	—	1.64	2.39

表 4.3 - 10　　　　　　　　枯水流量下柴码头至陈家马口河段沿程水位变化表

位　　置	初始水位值/m	10 年末水位下降值/m	20 年末水位下降值/m
柴码头	24.747	2.434	3.499
天鹅洲头	24.359	2.146	3.168
小河口	24.288	2.115	3.126
黄石坦	24.272	2.114	3.118
半头岭	24.125	2.035	3.011
调关	23.975	1.967	2.903
南河口	23.755	1.880	2.753
莱家铺	23.622	1.804	2.649
鹅公凸	23.441	1.697	2.504
最小值	—	1.70	2.50
最大值	—	2.43	3.50

4.3.4　汉道段分流比变化

柴码头至陈家马口河段内有乌龟洲分汊段，其中乌龟洲右汊为主汊，左汊为支汊。表 4.3 - 11 为各级流量条件下乌龟洲右汊分流比情况表。由表 4.3 - 11 中可见，初始条件下，乌龟洲右汊分流比约 82.64%～96.97%，且流量越小，右汊分流比越大。本河段河床冲刷下切后，乌龟洲右汊分流能力有所增强。具体如下：

（1）与现状条件下相比，冲淤后乌龟洲右汊分流比值有所增大。

（2）2022 年末，在防洪设计流量、多年平均流量、枯水流量条件下，乌龟洲右汊分流比增大值分别约 0.25%、0.61%、0.73%。

（3）2032 年末，在防洪设计流量、多年平均流量、枯水流量条件下，乌龟洲右汊分流比增大值分别约 0.66%、1.37%、1.40%。

表 4.3 - 11　　　　　　　各级流量下乌龟洲右汊分流比值情况表

流　量　级	初始分流比值/m	2022 年末分流比值/%	2032 年末分流比值/%
防洪设计流量	82.64	82.88	83.30
多年平均流量	93.00	93.61	94.37
枯水流量	96.97	97.70	98.38

4.4　陈家马口至城陵矶河段平面二维水沙数学模型计算与趋势预测

4.4.1　数学模型原理

4.4.1.1　模型控制方程

1. 水流运动基本方程

平面二维水流运动方程在任意曲线正交坐标系下的形式为

$$\begin{cases} \dfrac{\partial z}{\partial t}+\dfrac{\partial}{\partial \xi}(hug_\eta)+\dfrac{\partial}{\partial \eta}(hvg_\xi)=0 \\[2mm] \dfrac{\partial u}{\partial t}+\dfrac{u}{g_\xi}\dfrac{\partial u}{\partial \xi}+\dfrac{v}{g_\eta}\dfrac{\partial u}{\partial \eta}+\dfrac{uv}{g_\xi g_\eta}\dfrac{\partial g_\xi}{\partial \eta}-\dfrac{v^2}{g_\xi g_\eta}\dfrac{\partial g_\eta}{\partial \xi}+\dfrac{g}{g_\xi}\dfrac{\partial z}{\partial \xi}=\varepsilon\left(\dfrac{1}{g_\xi}\dfrac{\partial A}{\partial \xi}-\dfrac{1}{g_\eta}\dfrac{\partial B}{\partial \eta}\right)+F_\xi \\[2mm] \dfrac{\partial v}{\partial t}+\dfrac{v}{g_\xi}\dfrac{\partial v}{\partial \xi}+\dfrac{v}{g_\eta}\dfrac{\partial v}{\partial \eta}+\dfrac{uv}{g_\xi g_\eta}\dfrac{\partial g_\eta}{\partial \xi}-\dfrac{u^2}{g_\xi g_\eta}\dfrac{\partial g_\xi}{\partial \eta}+\dfrac{g}{g_\eta}\dfrac{\partial z}{\partial \eta}=\varepsilon\left(\dfrac{1}{g_\eta}\dfrac{\partial A}{\partial \eta}-\dfrac{1}{g_\xi}\dfrac{\partial B}{\partial \xi}\right)+F_\eta \end{cases}$$

$$(4.4-1)$$

其中

$$A=\left[\dfrac{\partial}{\partial \xi}(ug_\eta)+\dfrac{\partial}{\partial \eta}(vg_\xi)\right]/(g_\eta g_\xi)$$

$$B=\left[\dfrac{\partial}{\partial \xi}(vg_\eta)-\dfrac{\partial}{\partial \eta}(ug_\xi)\right]/(g_\eta g_\xi)$$

$$g_\xi=\sqrt{x_\xi^2+y_\xi^2}\,,\quad g_\eta=\sqrt{x_\eta^2+y_\xi^2}\,,$$

$$u=g_\xi\dfrac{\partial \xi}{\partial t}\,,\quad u=g_\eta\dfrac{\partial \eta}{\partial t}$$

u、v 与 $x\text{-}y$ 坐标系下的速度 $\overline{u}$、$\overline{v}$ 关系为

$$\overline{u}=\dfrac{\partial x}{\partial t}=\dfrac{x_\xi}{g_\xi}u+\dfrac{x_\eta}{g_\eta}v\,,\quad \overline{v}=\dfrac{\partial y}{\partial t}=\dfrac{y_\xi}{g_\xi}u+\dfrac{y_\eta}{g_\eta}v \qquad (4.4-2)$$

式中：F_ξ 和 F_η 为水流在 ξ 和 η 方向所受水流阻力等其他力；ε 为动量扩散系数，这里它不仅反映了紊动扩散，而且也反映了流速在水深方向上分布的不均匀性及实际的三维特征（如二次流）等因素的影响，其数值变化幅度较大。

2. 悬移质输沙计算

对于非均匀沙，在含沙量不太大时，各组粒径的沙均满足悬移质不平衡输沙方程。通常采用的平面二维悬移质不平衡输沙方程为

$$\dfrac{\partial hS_l}{\partial t}+\dfrac{\partial (huS_l)}{\partial x}+\dfrac{\partial (hvS_l)}{\partial y}-\dfrac{\partial}{\partial x}\left(\varepsilon h\dfrac{\partial S_l}{\partial x}\right)-\dfrac{\partial}{\partial y}\left(\varepsilon h\dfrac{\partial S_l}{\partial y}\right)=-\omega_l\alpha_l(S_l-S_l^*)$$

$$(4.4-3)$$

在曲线正交坐标系下上述方程为

$$g_\eta g_\xi\dfrac{\partial hS_l}{\partial t}+\dfrac{\partial (huS_l g_\eta)}{\partial \xi}+\dfrac{\partial (hvS_l g_\xi)}{\partial \eta}-\dfrac{\partial}{\partial \xi}\left(\varepsilon h\dfrac{g_\eta}{g_\xi}\dfrac{\partial S_l}{\partial \xi}\right)-\dfrac{\partial}{\partial \eta}\left(\varepsilon h\dfrac{g_\xi}{g_\eta}\dfrac{\partial S_l}{\partial \eta}\right) \qquad (4.4-4)$$
$$=-\omega_l\alpha_l(S_l-S_l^*)g_\eta g_\xi$$

式中：l 为非均匀沙中的第 l 组泥沙；ω_l 为 l 组泥沙的沉速；α_l 为恢复饱和系数；S_l^* 为非均匀沙中第 l 组泥沙的挟沙能力。

3. 推移质输沙计算

模型中采用如下形式的推移质输沙率公式：

$$G_b=0.95D^{0.5}(U-U_c)\left(\dfrac{U}{U_c}\right)^3\left(\dfrac{D}{h}\right)^{1/4} \qquad (4.4-5)$$

$$U_c=1.34\left(\dfrac{h}{D}\right)^{0.14}\left(\dfrac{\gamma_s-\gamma}{\gamma}gD\right)^{0.5} \qquad (4.4-6)$$

式中：D 为床沙粒径；γ_s、γ 为床沙和水容重；h 为水深；U_c 为推移质起动流速；G_b 为推移质单宽输沙率。

4. 河床变形计算

悬移质不平衡输沙会引起河床冲淤变化和床沙级配的变化。根据沙量守恒，悬移质不平衡输沙引起的河床变形为

$$\rho_s \frac{\partial z_b}{\partial t} = \sum_{l=1}^{L} \omega_l \alpha_l (S_l - S_l^*) \tag{4.4-7}$$

式中：ρ_s 为淤积物容重；Z_b 为河床高程。

河床变形方程一般都与泥沙运动方程分开求解，因此求解简单。河床变形除引起河床高程变化外还引起床沙级配变化。对床沙级配变化大都是假定一个可冲刷厚度的办法。在这个冲刷厚度内泥沙被冲走的机会是相同的。河床的冲刷粗化层厚度决定于沙波高。

4.4.1.2　模型数值方法

对上面水流运动方程的求解采用 ADI 法。未知量在 ξ-η 平面上布设成如图 4.4-1 所示的交错形式，交叉格点上布设水位点，也是水深点和糙率点及坐标节点，纵横线上分别布设 u、v 流速点，在这种网格上方程离散如下。

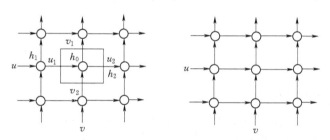

图 4.4-1　连续方程离散示意图交错网格示意图

1. 连续方程离散

连续方程的离散采用守恒型，在图 4.4-1 所示区间上离散方程为

$$g_{\eta 2}(h_0 + h_3)u_2 - g_{\eta 1}(h_0 + h_1)u_1 + g_{\xi 2}(h_0 + h_4)v_2 - g_{\xi 1}(h_0 + h_2)v_1 = 0 \tag{4.4-8}$$

2. 运动方程离散

运动方程采用非守恒型方程离散，其中对流项采用迎风格式离散，运动方程离散项较多，中心 u_0 点上，u 方向运动方程中的各项离散如下。

(1) $u \dfrac{\partial u}{\partial \xi}$：当 $u_0 > 0$ 时为 $u_0(u_0 - u_1)$，当 $u_0 < 0$ 时为 $u_0(u_3 - u_0)$。

(2) $v \dfrac{\partial u}{\partial \eta}$：当 $v_2 + v_3 > 0$ 时为 $\dfrac{v_2 + v_3}{2}(u_0 - u_2)$，当 $v_1 + v_4 < 0$ 时为 $\dfrac{v_1 + v_4}{2}(u_4 - u_0)$。

(3) $uv = u_0 \dfrac{v_1 + v_2 + v_3 + v_4}{4}$。

(4) $v^2 = \left(\dfrac{v_1 + v_2 + v_3 + v_4}{4} \right)^2$。

(5) $\dfrac{\partial z}{\partial \xi} = z_2 - z_1$。

（6）$\dfrac{\partial^2 u}{\partial \xi^2} = u_1 + u_3 - 2u_0$，$\dfrac{\partial^2 u}{\partial \eta^2} = u_2 + u_4 - 2u_0$。

（7）水流阻力项：

$$R_f = g\, \frac{n^2 \sqrt{u_0^2 + v_0^2}}{h_0^{1.33}} u_0\,, v_0 = \frac{v_1 + v_2 + v_3 + v_4}{4}\,, h_0 = \frac{h_1 + h_2}{2}$$

上面各项前的拉梅系数及其偏导数离散都较简单，未列出。v 方向运动方程的离散是类似的，不再一一列出。

对于二维悬移质不平衡输沙方程式（4.4-4）的求解，由于其是一个对流扩散方程，可采用 ADI 方法求解。方程离散为守恒形式，对流项采用迎风离散，扩散项为中心差分。

4.4.1.3 模型相关条件处理

1. 岸边界流速条件

岸边界给定非滑移边界，即 $u = 0$，$v = 0$。

2. 进口流速分布

由于通常进口给定的只是流量已知，如何确定进口流速分布是要处理的边界条件之一。对于进口位于比较顺直的江段时，模型中按如下方法确定进口水流流速分布：

$$\begin{cases} gJ_0 - \varepsilon\, \dfrac{\partial^2 \overline{u}}{\partial y^2} = F_x \\[2mm] \sum u_i b_i h_i = Q \end{cases} \tag{4.4-9}$$

式中：下标 i 为网格节点号。

即假定进口断面上水流具有相同的比降，且满足运动方程的简化方程。在进口流量 Q 已知的情况下，求解上面的方程组，即得到了进口的流速分布。

在 η 方向上，流速允许发展，给定 $\partial v/\partial \xi = 0$ 的边界条件。

3. 出口边界条件

出口断面给定水位已知的边界条件，同时给定速度梯度边界条件：

$$\frac{\partial v}{\partial \xi} = 0\,, \frac{\partial u}{\partial \xi} = 0 \tag{4.4-10}$$

出口断面一般不设在有回流的河段。若出口断面出现回流，则有入流，需给定回流入流流速已知的边界条件。

4. 动边界处理

由于河道水流计算为动边界问题，目前处理动边界的方法较多，如何少苓等引入的窄缝法，或者对于干涸点直接给定一个小水深参与计算等。也可采用"冻结法"，当计算区域内的点高出水面时，给定一定的水深，同时加大其糙率参与计算。这些作法都可使计算区域边界不必移动。这里采用给定一个小水深参与计算的办法。

5. 泥沙边界条件

通常进口给定的泥沙条件只是悬移质含沙量和级配，如何确定进口泥沙条件在横断面上的分布也是要处理的边界条件之一。本模型中按如下方法确定进口泥沙分布：

$$
\begin{cases}
\varepsilon h \dfrac{\partial}{\partial \eta}\left(\dfrac{g_\xi}{g_\eta}\dfrac{\partial S_l}{\partial \eta}\right) + \omega_l \alpha_l (S_l - S_l^*) g_\eta g_\xi + h u S_l g_\eta = h u S_l^0 g_\eta \\
k \sum h_i u_i s_{l,i}^0 g_{\eta i} = Q \, \overline{S_l}
\end{cases}
\tag{4.4-11}
$$

式中：下标 i 为网格节点号；l 为非均匀沙中的第 l 组泥沙。

这个方程需要迭代求解，S_l^0 开始时为已知断面平均含沙量 $\overline{S_l}$，迭代开始后为上次迭代求得的含沙量分布。式（4.4-11）中的第 2 式是把 1 式中求得的含沙量乘以系数 k，使断面平均含沙量等于已知断面平均含沙量 $\overline{S_l}$。

这种求进口含沙量分布的方法，相当于求水流经过很长的距离后稳定时的含沙量分布。由于水流在流动过程中有冲淤发生，因此计算时每步都要对含沙量乘以一个系数，使平均含沙量维持不变。

岸边界给定含沙量法向梯度为零，即没有泥沙交换；出口边界给定含沙量法向梯度为零。

6. 河道横向展宽的模拟

在以往的研究中，一般都是假定河岸的直接侵蚀后退速度为沿河岸平行发生，采用这种形式的计算式：

$$
\dfrac{\mathrm{d}\Delta}{\mathrm{d}t} = -\dfrac{\phi(\tau_b - \tau_c)}{\tau_c}
\tag{4.4-12}
$$

式中：Δ 为河岸变化宽度；ϕ 为经验系数；τ_b 为作用于河岸水流剪切力；τ_c 为河岸物质临界剪切力。

这种模式用于模拟横断面平衡时不适合用来计算河槽的缩窄过程，因而展宽和缩窄不能统一处理。Park 基于深度平均的泥沙数学模型指出，考虑到河道一般中间含沙量大，岸边含沙量较小，河道中间的泥沙不断向岸边扩散，同时由于河床横比降将引起横断面上泥沙向中心输移，这两者形成横断面泥沙平衡机制。当然，B Christensen 等基于三维水流运动的数学模型说明泥沙在横断面上的对流扩散比 Park 的分析要复杂。对于这个复杂的问题，其机理有待进一步研究。本模型采用 Park 的平衡机制，并简单地假定床面泥沙在断面横比降的作用下其流动的单宽输沙率为

$$
q_s = C_s J_y (V - V_c)^2 \quad (V > V_c)
\tag{4.4-13}
$$

式中：C_s 为系数；J_y 为横比降；V 为水流速度；V_c 为泥沙起动速度。

4.4.2　模型率定和验证

4.4.2.1　水流率定和验证

模型的率定和验证，初始地形采用了 2008 年实测水下地形（见图 4.4-2），由于无 2008 年边岸地形资料，以 2006 年实测边岸高程予以补充，高程系为 85 基准高程系，平面坐标系为北京 54 坐标系。模型率定计算时段起于 2008 年止于 2009 年，验证计算时段起于 2010 年止于 2013 年。

图 4.4-3 给出了盐船套广兴洲 2009 年的实测日均水位值与率定计算值，二者符合良好，率定所得模型的糙率为 0.02～0.035。

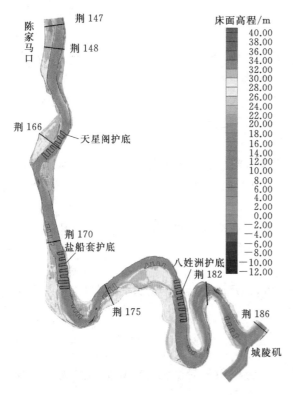

图 4.4-2　陈家马口至城陵矶河段 2008 年地形

图 4.4-4 和图 4.4-5 是广兴洲站 2010 年和 2012 年的实测日均水位与验证计算水位，二者符合良好。

4.4.2.2　河床冲淤验证

图 4.4-6 给出了研究河段典型断面 2008 年和 2013 年的实测形态，以及 2013 年的验证计算结果，模型计算结果能够合理地的反映各断面的冲淤变化趋势，特别是荆 182 等冲淤变化较大的断面，其实际冲淤变化趋势也被模型真实反映。

图 4.4-7 给出了陈家马口至城陵矶河段 2008—2013 年实测冲淤厚度与计算值的对比图。由图 4.4-7 (a) 可见，此段河道有冲有淤，其中荆 147 断面至天星阁护底工程上缘河道中部略有淤积，右岸底段河均冲刷明显。此河段内河床变化最明显的位置在荆 182 断面附近，此处主槽左淤右冲，右岸边滩切滩明显。这在图 4.4-7 (b) 的荆 182 断面图中也有体现。陈家马口至城陵矶河段的上述冲淤变化，在本模型的验证结果中都得到了合理反映，表明本模型验证可靠。

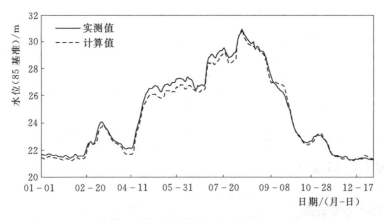

图 4.4-3　二维模型水位率定结果（广兴洲站 2009 年日均水位）

4.4.3　冲淤变化趋势

4.4.3.1　计算水沙等边界条件

计算起始地形为 2013 年 10 月地形，计算水沙系列为 1991—2000 年，考虑三峡、溪

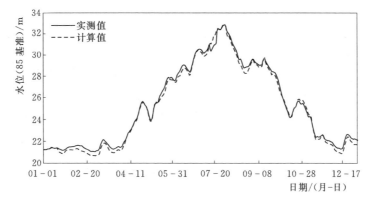

图 4.4 - 4　二维模型水位验证结果（广兴洲站 2010 年日均水位）

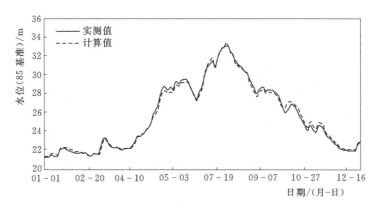

图 4.4 - 5　二维模型水位验证结果（广兴洲站 2012 年日均水位）

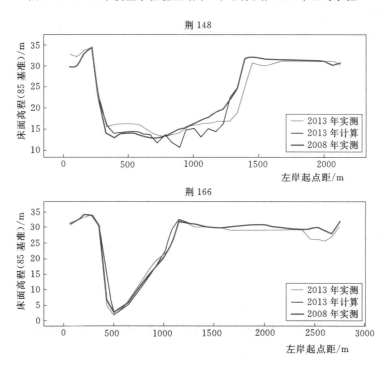

图 4.4 - 6（一）　陈家马口至城陵矶河段典型断面地形验证对比图

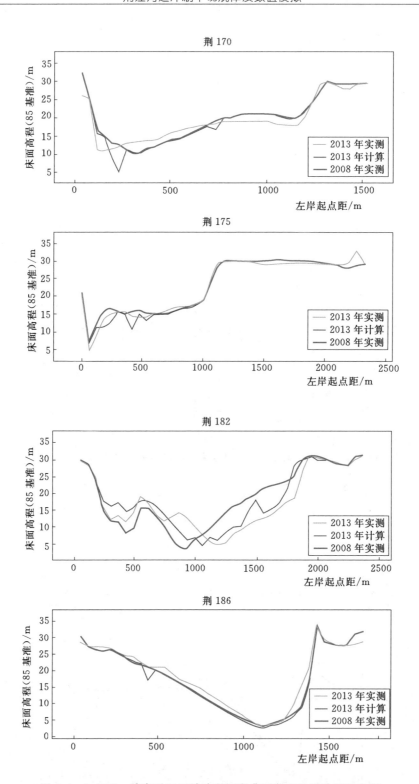

图 4.4-6（二） 陈家马口至城陵矶河段典型断面地形验证对比图

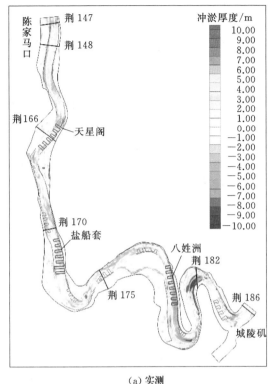

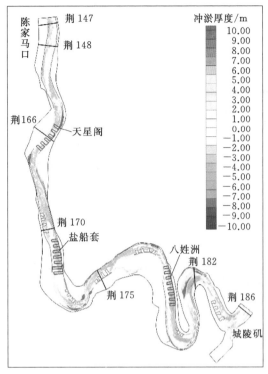

（a）实测　　　　　　　　　　　　　　　　　（b）计算

图 4.4-7　陈家马口—城陵矶河段 2008—2013 年冲淤变化实测值与计算值对比

洛渡、向家坝等大型已建水库的蓄水拦沙作用；计算时限为 2013—2032 年，共 20 年；计算河段进、出口水沙条件由一维水沙数模计算结果给出。

4.4.3.2　河道冲淤量

基于二维模型计算结果，统计计算河段的冲淤总量及冲淤量时空分布等（表 4.4-1）。

表 4.4-1　　　　　　　　陈家马口至城陵矶河段冲淤量表　　　　　　　　单位：万 m³

河　　段	2022 年末	2032 年末
陈家马口—天星阁上端（11.7km）	−3459	−3907
天星阁区段（3.9km）	−665	−759
天星阁下端—盐船套上端（10.8km）	−1852	−2340
盐船套区段（4.0km）	−911	−1046
盐船套下端—八姓洲上端（15.9.km）	−2169	−2584
八姓洲区段（3.7km）	−447	−421
八姓洲下端—城陵矶（25.0km）	−731	−1025
全河段	−10234	−12082

由表 4.4-1 中可见，陈家马口至城陵矶河段总体处于冲刷状态。2022 年末、2032 年末全河段冲刷总量分别约 10234 万 m³、12082 万 m³，其中前 10 年河段沿程冲刷，全河段年均冲刷 1023.4 万 m³，后 10 年陈家马口至城陵矶河段仍在持续冲刷。

（1）2022 年末各分段冲淤量。天星阁以上河段（陈家马口至天星阁上端）冲刷量约 3459 万 m³，冲刷强度 29.6 万 m³/(km·a)；天星阁区段冲刷量约 665 万 m³，冲刷强度 17.1 万 m³/(km·a)；天星阁下端至盐船套上端所在的区段冲刷量约 1852 万 m³，冲刷强度 17.1 万 m³/(km·a)；盐船套区段冲刷量约 911 万 m³，冲刷强度 22.8 万 m³/(km·a)；盐船套下端至八姓洲上端所在区段冲刷量约 2169 万 m³，冲刷强度 13.6 万 m³/(km·a)；八姓洲区段冲刷量约 447 万 m³，冲刷强度 12.1 万 m³/(km·a)；八姓洲以下河段（八姓洲下端至城陵矶）冲刷量约 731 万 m³，冲刷强度 2.9 万 m³/(km·a)。10 年内陈家马口至城陵矶河段总体冲刷量约 10234 万 m³，冲刷强度 13.6 万 m³/(km·a)。

（2）2032 年末各分段冲淤量。天星阁以上河段（陈家马口至天星阁上端）冲刷量约 3907 万 m³，冲刷强度 16.7 万 m³/(km·a)；天星阁区段冲刷量约 759 万 m³，冲刷强度 9.7 万 m³/(km·a)；天星阁下端至盐船套上端所在的区段冲刷量约 2340 万 m³，冲刷强度 10.8 万 m³/(km·a)；盐船套区段冲刷量约 1046 万 m³，冲刷强度 13.1 万 m³/(km·a)；盐船套下端至八姓洲上端所在区段冲刷量约 2584 万 m³，冲刷强度 8.1 万 m³/(km·a)；八姓洲区段冲刷量约 421 万 m³，冲刷强度 5.7 万 m³/(km·a)；八姓洲以下河段（八姓洲下端至城陵矶）冲刷量约 1025 万 m³，冲刷强度 2.1 万 m³/(km·a)。20 年内陈家马口至城陵矶河段总体冲刷量约 12082 万 m³，冲刷强度 8.1 万 m³/(km·a)。

4.4.3.3 河床冲淤厚度分布

图 4.4-8 和图 4.4-9 给出了计算 2022 年末和 2032 年末陈家马口至城陵矶河段冲淤厚度分布图。从中可以看出，天星阁、盐船套和八姓洲河段河床冲淤交替，平滩以下河槽

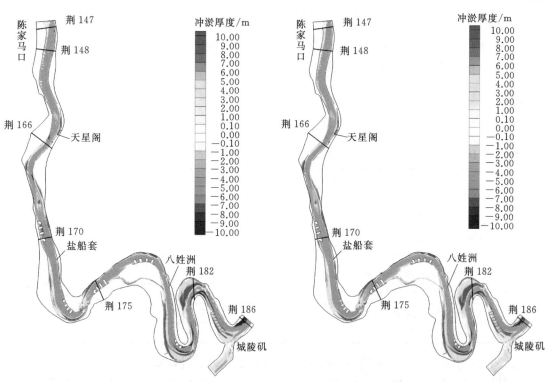

图 4.4-8 陈家马口至城陵矶河段
冲淤厚度分布图（2022 年末）

图 4.4-9 陈家马口至城陵矶河段
冲淤厚度分布图（2032 年末）

以冲刷为主，局部近岸河床冲刷较为明显；边滩部位有冲有淤，低滩部位冲刷明显，高滩部位略有淤积；已实施的整治工程部位泥沙有所淤积。

（1）2022 年末冲淤厚度分布。天星阁以上河段（陈家马口至天星阁工程上端）河槽冲淤厚度约为 $-6.64 \sim +2.45\text{m}$；天星阁区段河槽冲淤厚度约为 $-8.41 \sim +4.15\text{m}$；天星阁下端至盐船套上端所在的区段河槽冲淤厚度约为 $-9.34 \sim +9.50\text{m}$；盐船套区段河槽冲淤厚度约为 $-6.53 \sim +5.98\text{m}$；盐船套下端至八姓洲上端所在的区段河槽冲淤厚度约为 $-7.41 \sim +7.55\text{m}$；八姓洲区段河槽冲淤厚度约为 $-6.15 \sim +6.48\text{m}$，八姓洲以下河段（八姓洲工程下端至城陵矶）河槽冲淤厚度约为 $-10.99 \sim +12.60\text{m}$。

（2）2032 年末冲淤厚度分布。天星阁以上河段（陈家马口至天星阁上端）河槽冲淤厚度约为 $-6.95 \sim +1.98\text{m}$；天星阁区段河槽冲淤厚度约为 $-9.88 \sim +4.66\text{m}$；天星阁下端至盐船套上端所在的区段河槽冲淤厚度约为 $-10.59 \sim +9.48\text{m}$；盐船套区段河槽冲淤厚度约为 $-6.54 \sim +7.11\text{m}$；盐船套下端至八姓洲上端所在的区段河槽冲淤厚度约为 $-9.19 \sim +8.07\text{m}$；八姓洲区段河槽冲淤厚度约为 $-6.30 \sim +7.89\text{m}$；八姓洲以下河段（八姓洲下端至城陵矶）河槽冲淤厚度约为 $-15.48 \sim +13.58\text{m}$。

4.4.3.4　滩槽变化分析

以计算 20 年后和初始时的典型地形高程线平面位置对比进行了滩、槽变化分析，图 4.4-10～图 4.4-12 分别给出了陈家马口至城陵矶河段 30m、20m 和 10m 高程线平面位置对比图。

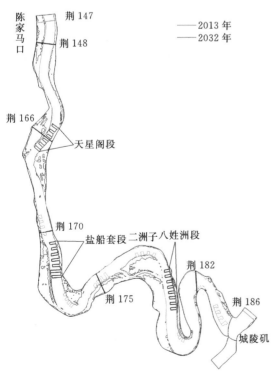

图 4.4-10　2032 年末陈家马口至城陵矶河段
30m 高程线平面位置变化图

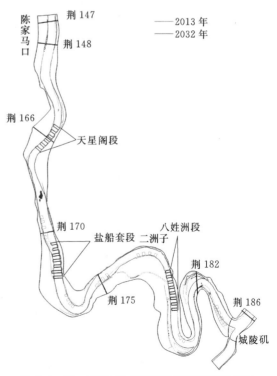

图 4.4-11　2032 年末陈家马口至城陵矶河段
20m 高程线平面位置变化图

　　陈家马口至城陵矶河段在冲淤 20 年后，总体河势格局变化不大，但局部滩、槽冲淤变化较为明显，河槽有冲刷扩展趋势；一般深泓在弯道凹岸向近岸偏移，过渡段左右摆动；局部岸段和边滩（滩缘或低滩部位）冲刷后退；已实施整治工程的部位冲刷受到抑制，局部有所淤积。具体如下：

　　（1）30m 高程线（滩缘线）变化。与初始状态相比，至 2032 年末，陈家马口至城陵矶河段 30m 高程线平面位置变化很少，只有三处局部变化，分别位于天星阁右岸、荆 175 断面下游的二洲子岛头迎流位置，以及荆 182 断面附近的右侧滩岸。这三处 30m 高程线的变化如图 4.4-13～图 4.4-15 所示。

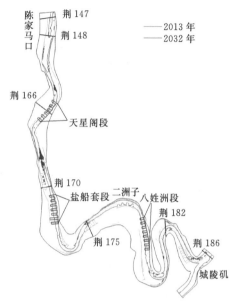

图 4.4-12　2032 年末陈家马口至城陵矶
河段 10m 高程线平面位置变化图

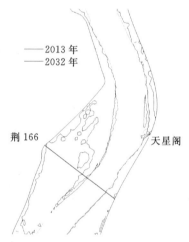

图 4.4-13　2032 年末天星阁段 30m
高程线平面位置变化图

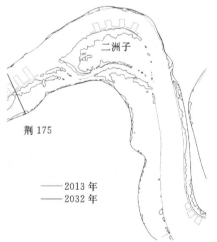

图 4.4-14　2032 年末二洲子段 30m
高程线平面位置变化图

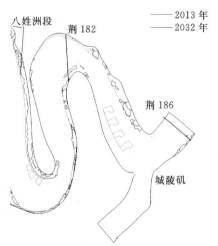

图 4.4-15　2032 年末八姓洲以下河段
30m 高程线平面位置变化图

由图 4.4-13～图 4.4-15 可见，至 2032 年末，天星阁右岸上游 30m 等高线局部略有蚀退，下游略有淤进。二洲子岛头右汊无防护区域 30m 等高线局部略有蚀退，岛头位置蚀退偏多。荆 182 断面附近右侧滩岸蚀退明显。

（2）20m 高程线（河槽线）变化。图 4.4-16～图 4.4-19 给出了 2032 年末陈家马口至城陵矶各河段 20m 高程线的平面位置与初始状态的对比图。

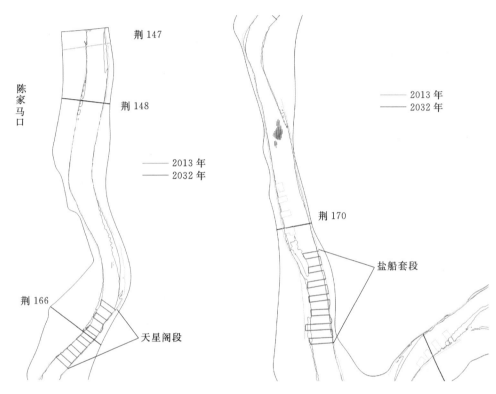

图 4.4-16　2032 年末天星阁及以上河段　　　图 4.4-17　2032 年末天星阁至盐船套河段
　　　20m 高程线平面位置变化图　　　　　　　　20m 高程线平面位置变化图

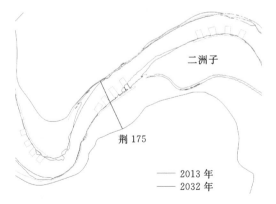

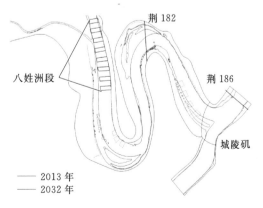

图 4.4-18　2032 年末二洲子河段　　　　　图 4.4-19　2032 年末八姓洲以下河段
　　　20m 高程线平面位置变化图　　　　　　　20m 高程线平面位置变化图

由图 4.4-16～图 4.4-19 可见，陈家马口至城陵矶河段 20m 高程线的平面位置变化更明显，天星阁段上游左侧高滩蚀退、右侧无防护段滩岸局部也自上而下受到水流冲刷；天星阁与盐船套之间河段局部有所淤积，盐船套段河槽冲刷扩展，荆 170 断面下游右岸附近初始地形上的 20m 高区域至 2032 年末已冲刷至高程不足 20m；二洲子岛头迎流及上游未做防护位置受水流冲刷蚀退，八姓洲至七弓岭段干流右侧有淤积趋势；荆 182 断面位置主槽有右移趋势，主槽左淤右冲；洞庭湖入江水道 20m 高程线平面位置变化不大。

（3）10m 高程线（深槽线）变化。图 4.4-20～图 4.4-23 给出了 2032 年末陈家马口至城陵矶各河段 10m 高程线的平面位置与初始状态的对比图。

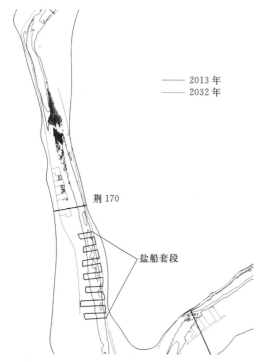

图 4.4-20　2032 年末天星阁及以上河段
10m 高程线平面位置变化图

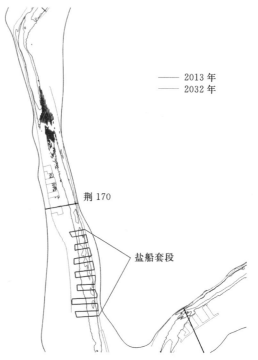

图 4.4-21　2032 年末天星阁至盐船套
河段 10m 高程线平面位置变化图

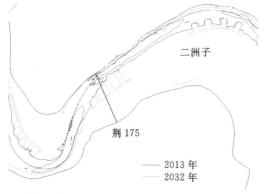

图 4.4-22　2032 年末二洲子河段
10m 高程线平面位置变化图

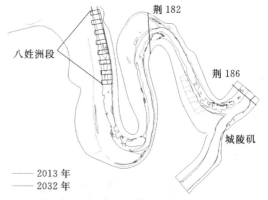

图 4.4-23　2032 年末八姓洲以下河段
10m 高程线平面位置变化图

由图 4.4 - 20～图 4.4 - 23 可见，陈家马口至城陵矶河段 10m 高程线的平面位置变化较繁杂，总体而言，陈家马口至城陵矶河槽以冲刷扩展为主，天星阁段上游左侧 10m 高程线变化较散乱、右侧无防护段滩岸局部也自上而下受到水流冲刷；天星阁与盐船套之间河段局部有所淤积，盐船套段河槽冲刷扩展，盐船套河段左岸附近初始地形中高程为 10m 的区域至 2032 年末已冲刷至高程不足 10m；八姓洲至七弓岭段干流右侧有淤积趋势；荆 182 断面位置主槽有右移趋势，主槽左淤右冲；洞庭湖入江水道 10m 高程线平面位置变化不大。

4.4.4　水位变化分析

4.4.4.1　计算边界条件

1. 水流条件

根据长江防洪设计流量、水位及三峡运用后 2003—2012 年平均流量等（见表 4.4 - 2～表 4.4 - 4），选取洪（防洪设计洪水）、中（多年平均流量）、枯（三峡水库控泄枯水流量 6000m³/s 左右）流量，共 3 组水流条件，具体采用的流量和水位条件见表 4.4 - 5。

表 4.4 - 2　　　　　　　　　　　防洪设计流量表

站　　点	宜昌	枝城	沙市	城陵矶	汉口
防洪设计流量/(m³/s)	55000	56700	50000	65000	71600

表 4.4 - 3　　　　　　　　　　　防洪设计水位表

长江中下游干流堤防设计水位表（冻结吴淞）			
站名	设计水位/m	站名	设计水位/m
枝城	51.75	螺山	34.01
沙市	45.00	龙口	32.65
石首	40.38	新滩口	31.44
监利（姚圻脑）	37.28	汉口	29.73
城陵矶（莲花塘）	34.40		

注：《长江流域防洪规划》2008 年 6 月。

表 4.4 - 4　　　　　　多年（2003—2012 年）平均流量条件表

站　　点	枝城	沙市	监利	螺山	汉口
多年平均流量/(m³/s)	12900	11900	11500	18600	21200

表 4.4 - 5　　　　　　　　　模型计算水流条件

类别	入口流量/(m³/s)		出口水位（85 基准）/m	实测日期
	陈家马口	城陵矶（七里山）		
洪水	35800	29900	33.48	1999 - 07 - 20
中水	14000	15700	26.95	2012 - 06 - 22
枯水	5660	9640	22.18	2013 - 04 - 03

表 4.4-5 中的洪水条件选取的是 1999 年 7 月 20 日各站的实测日均数据，此时宜昌流量为 56700m³/s，略大于其防洪设计流量 55000m³/s，同时沙市流量 46300m³/s 也接近其防洪设计流量 50000m³/s。

表 4.4-5 中的中水条件选取的是 2012 年 6 月 22 日各站的实测数据，该日枝城日均流量为 12900m³/s，与其多年平均值相等。

表 4.4-5 中的枯水条件选取的是 2013 年 4 月 3 日各站的实测数据，该日宜昌日均流量为 6000m³/s，与三峡水库控泄枯水流量相近。

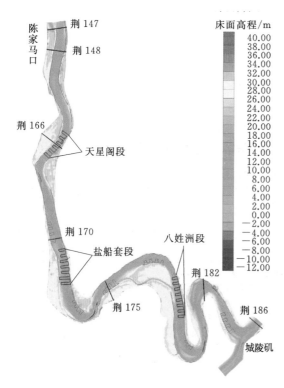

图 4.4-24　陈家马口至城陵矶河段初始地形
（2013 年 10 月）

2. 地形条件

本研究基于初始地形（2013 年 10 月地形，见图 4.4-24），冲淤计算 2022 年末与 2032 年末地形，分别计算了洪、中、枯等不同流量条件下沿程水位。

4.4.4.2　水位变化分析

表 4.4-6～表 4.4-8 分别给出了陈家马口至城陵矶河段洪、中、枯水流量下沿程水位变化情况。

由此可见：

与现状条件下水位相比，冲淤后本河段沿程水位有所降低。

在防洪设计流量条件下，2022 年末沿程水位降低约 0.08～0.41m；2032 年末沿程水位降低约 0.14～0.44m。

在多年平均流量条件下，2022 年末沿程水位降低约 0.26～0.74m；2032 年末沿程水位降低约 0.40～0.81m。

在枯水流量条件下，2022 年末沿程水位降低约 0.47～1.16m；2032 年末沿程水位降低约 0.62～1.27m。

表 4.4-6　　　　　　陈家马口至城陵矶河段洪水流量下沿程水位变化表

位置	初始水位/m	2022 年末水位变化值/m	2032 年末水位变化值/m
荆 148	35.28	−0.41	−0.44
荆 166	35.02	−0.35	−0.37
荆 170	34.78	−0.32	−0.34
荆 175	34.51	−0.36	−0.37
荆 182	34.09	−0.34	−0.35
荆 186	33.53	−0.08	−0.14

表 4.4 - 7　　　　　陈家马口至城陵矶河段中水流量下沿程水位变化表

位置	初始水位/m	2022 年末水位变化值/m	2032 年末水位变化值/m
荆 148	28.34	−0.74	−0.81
荆 166	28.13	−0.65	−0.72
荆 170	27.92	−0.6	−0.7
荆 175	27.66	−0.55	−0.65
荆 182	27.26	−0.4	−0.5
荆 186	27.02	−0.26	−0.4

表 4.4 - 8　　　　　陈家马口至城陵矶河段枯水流量下沿程水位变化表

位置	初始水位/m	2022 年末水位变化值/m	2032 年末水位变化值/m
荆 148	23.82	−1.16	−1.27
荆 166	23.58	−1.04	−1.15
荆 170	23.32	−0.96	−1.11
荆 175	23.00	−0.83	−0.97
荆 182	22.50	−0.63	−0.77
荆 186	22.23	−0.47	−0.62

4.4.5　汊道段分流比变化趋势分析

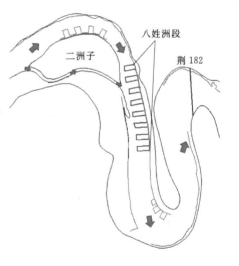

图 4.4 - 25　二洲子汊道位置示意图

陈家马口至城陵矶河段八姓洲上游主江右侧有二洲子岛（图 4.4 - 25），该岛右汊初始分流比及变化信息见表 4.4 - 9。对于洪、中、枯三种来水条件，二洲子岛右汊的初始分流比分别为 6.22%、3.91% 和 1.68%，至 2022 年末该汊分流比变化分别为 − 2.51%、− 3.02% 和 −1.66%；至 2032 年末该汊分流比变化分别为 −2.71%、−3.55% 和 −1.68%。可见，随着二洲子岛左侧主槽的冲深，洪、中、枯三种来水条件下其右汊分流比均减小，特别是枯水流量下未来该汊可能会断流。

表 4.4 - 9　　　　　二滩子汊道右汊分流比变化表

类别	初始分流比/%	2022 年末分流比变化值/%	2032 年末分流比变化值/%
洪水	6.22	−2.51	−2.71
中水	3.91	−3.02	−3.55
枯水	1.68	−1.66	−1.68

第5章　水沙变异条件下江湖河网模型 计算与趋势预测

本章主要介绍基于荆江深层取样分析结果及悬移质汊道分沙模式的改进，提高了江湖河网模型对荆江河段冲刷的模拟精度，预测了三峡及上游控制性水库运用后50年内荆江河段河道纵向冲刷、水位变化、三口分流分沙等。

5.1　江湖河网一维水沙数学模型的基本原理

中国水利水电科学研究院一维江湖河网模型软件的理论基础是非均匀沙不平衡输沙理论，是适用于模拟河道、水库、湖泊等水流泥沙运动的全沙模型，可以计算各断面水位、流量、含沙量等悬移质和推移质相关量，本模型已在众多河流中得到应用，均取得了良好效果。

一维河网模型的水流运动方程和泥沙运动方程如式（5.1-1）～式（5.1-4）。

水流连续方程为

$$\frac{\partial Q}{\partial X}+\frac{\partial A}{\partial t}=0 \tag{5.1-1}$$

水流运动方程为

$$\frac{\partial U}{\partial t}+U\frac{\partial U}{\partial X}+g\frac{\partial(H+Z_b)}{\partial X}=Fx \tag{5.1-2}$$

悬沙运动方程为

$$\frac{\partial(AS_l)}{\partial t}+\frac{\partial(QS_l)}{\partial X}=\alpha \cdot B \cdot \omega_l \cdot (S_l^*-S_l) \tag{5.1-3}$$

式中：Q 为流量；U 为断面平均流速；A 为断面面积；B 为断面平均河宽；S_l 为分组含沙量；S_l^* 为分组挟沙力；α 为悬移质泥沙恢复饱和系数。

挟沙力采用如下公式：

$$\frac{\partial(AS_l)}{\partial t}+\frac{\partial(QS_l)}{\partial X}=\alpha B\omega_l(S_l^*-S_l) \tag{5.1-4}$$

式中：k 为挟沙力系数；H 为断面平均水深；ω_l 为分组泥沙沉速；$P_{b,l}$ 为床沙分组级配。

计算所用模型是不平衡输沙模型，泥沙按非均匀沙计算。数学模型计算时各参数以及按恒定流或非恒定流计算等都可自由选择。由于长江与洞庭湖河网发达，按恒定流进行计算，时段按日划分。床沙级配共分16组，即：<0.005mm、0.005～0.01mm、0.01～0.025mm、0.025～0.05mm、0.05～0.1mm、0.1～0.25mm、0.25～0.5mm、0.5～1mm、1～5mm、5～10mm、10～25mm、25～50mm、50～75mm、75～100mm、100～150mm、150～200mm。前8组计算悬移质，后8组计算推移质。床沙组成分层计算，共

分 5 层。

5.2　江湖河网一维水沙数学模型的改进

在本研究中，对江湖一维河网数学模型进行了改进，主要包含了两个方面：一是基于现场取样结果，对荆江河段河床组成进行了调整，同时将本研究提出的卵石河床粗化模式及二维冲刷下切的断面模拟成果应用于一维河网计算；二是基于汉道悬移质分沙模型对汉道分沙算法进行了改进。

5.2.1　河床组成的调整与卵石河床粗化模式的应用

河道的床沙组成是影响河道冲刷的重要因素，对于卵石河床，床沙组成决定了粗化保护层的形成；而对于沙质河床，粒径 0.1～1.0mm 的泥沙可以悬移质及推移质两种形式运动，河床组成中该部分泥沙的含量直接影响河道冲刷过程及冲刷程度。

本书第 3 章最新的深层床沙级配成果，较全面地反映了三峡水库下游河道的实际河床组成情况，以之作为模型床沙级配的选取依据，增强了荆江河段未来冲淤变化预测结果的可信度。此外，该卵石河床的冲刷粗化计算模式（详见 3.2 节）在复杂水系的一维河网模型床沙交换层的确定中得到应用；以及荆江二维数学模型计算沙质河床冲刷变形预测成果应用于一维河网模型河相关系的调整中。

5.2.2　汉道悬移质分沙改进

河道分汊是冲积河道中一种较为常见的形式，在总流量、平均含沙量不变条件下，各汉道的分流分沙及进入的流量和含沙量也是变化的。支汉引水高程是悬移质分沙比的决定性因素，主汉与支汉口门附近的床面最高点（鞍点）之间存在着高程差异，支汉鞍点高程更高，导致支汉引水偏于水面，从而使含沙量偏低，级配偏细。以主支汉鞍点的实际水深差为参数，可以计算分沙比，但实际水深差的获得需要详细的地形资料，韩其为等以分流比为依据，确定当量水深，可以简便易行的计算分沙比。根据韩其为等的研究，在支汉分流后，引入该汉的含沙量中第 l 组悬沙的含沙量比 $\eta_{s.l.2}$ 为

$$\eta_{s.l.2} = \frac{S_{l.2}}{S_{l.0}} \tag{5.2-1}$$

式（5.2-1）中 $S_{l.2}$ 是支汉引进的第 l 组沙的平均含沙量，其表达式为

$$S_{l.2} = \frac{S_{b.l}\int_{1-\eta_h}^{1}\frac{u}{u_m}\frac{S_l}{S_{b.l}}\mathrm{d}\left(\frac{y}{h_0}\right)}{\int_{1-\eta_h}^{1}\frac{u}{u_m}\mathrm{d}\left(\frac{y}{h_0}\right)} = \frac{\int_{1-\eta_h}^{1}uS_l\mathrm{d}\left(\frac{y}{h_0}\right)}{\int_{1-\eta_h}^{1}u\mathrm{d}\left(\frac{y}{h_0}\right)} \tag{5.2-2}$$

式（5.2-2）中 $S_{l.0}$ 是支汉口门上游未分流干流断面处的第 l 组沙的平均含沙量，其表达式为

$$S_{l.0} = \frac{S_{b.l} \int_{\frac{\alpha_l}{h_0}}^{1} \frac{u}{u_m} \frac{S_l}{S_{b.l}} \mathrm{d}\left(\frac{y}{h_0}\right)}{\int_0^1 \frac{u}{u_m} \mathrm{d}\left(\frac{y}{h_0}\right)} = \frac{\int_{\frac{\alpha_l}{h_0}}^{1} u S_l \mathrm{d}\left(\frac{y}{h_0}\right)}{\int_{\frac{\alpha_l}{h_0}}^{1} u \mathrm{d}\left(\frac{y}{h_0}\right)} \tag{5.2-3}$$

式（5.2-3）在推导中，采用了近似关系

$$\int_0^1 \frac{u}{u_m} \mathrm{d}\left(\frac{y}{h_0}\right) = \int_{\frac{\alpha_l}{h_0}}^{1} \frac{u}{u_m} \mathrm{d}\left(\frac{y}{h_0}\right) \tag{5.2-4}$$

即忽略了底部微小厚度 α_l 内的流量。

式（5.2-2）和式（5.2-3）中 S_l 为支汊口门上游未分流干流断面处相对水深为 y/h_0 处的第 l 组泥沙的含沙量，$S_l = S_{b.l} f_2\left(\frac{\Delta}{h_0}, \frac{u_*}{\omega}, \frac{y}{h_0}, \frac{\alpha_l}{h_0}\right)$，其中 u_* 为摩阻流速，α_l 为该组泥沙底部含沙量计算参考点，$S_{b.l}$ 为该点含沙量，Δ 为绝对糙率，y/h_0 为相对水深，ω_l 为粒径为 D_l 时的沉降速度。

在求得支汊与分流前主流的分组含沙量比 $\eta_{s.l.2}$ 后，可以计算支汊内的非均匀沙全沙含沙量比 $\eta_{s.2}$：

$$\eta_{s.2} = \frac{S_2}{S_0} = \frac{\sum G_{l.2}/Q_2}{G_0/Q_0} = \frac{Q_0}{Q_2} \frac{\sum G_{l.2}}{G_0} = \sum P_{4.l.0} \eta_{s.l.2} \tag{5.2-5}$$

即全沙的含沙量比为分组含沙量比按分流前主流悬移质级配 $P_{4.l.0}$ 加权平均。进而支汊的全沙含沙量为

$$S_2 = S_0 \sum P_{4.l.0} \eta_{s.l.2} \tag{5.2-6}$$

支汊的悬沙级配为

$$P_{4.l.2} = \frac{S_{l.2}}{S_2} = \frac{S_{l.0} \eta_{s.l.2}}{S_0 \eta_{s.2}} = \frac{P_{4.l.0} \eta_{s.l.2}}{\sum P_{4.l.0} \eta_{s.l.2}} \tag{5.2-7}$$

对于主汊，其第 l 组悬沙的分沙比仍为

$$\eta_{G.l.1} = \eta_{Q.1} \eta_{s.l.1} \tag{5.2-8}$$

主汊的全沙分沙比为

$$\eta_{s.1} = \sum P_{4.l.0} \eta_{s.l.1} \tag{5.2-9}$$

主汊的全沙含沙量为

$$S_l = \eta_{s.1} S_0 = S_0 \sum P_{4.l.0} \eta_{s.l.1} \tag{5.2-10}$$

进入主汊的悬移质级配为

$$P_{4.l.1} = P_{4.l.0} \frac{1}{1 - \eta_{Q.2} \eta_{s.2}} - P_{4.l.2} \frac{\eta_{Q.2} \eta_{s.2}}{1 - \eta_{Q.2} \eta_{s.2}} \tag{5.2-11}$$

在给定流速分布与含沙量分布后，可通过数值计算，获得汊道分流比、含沙量比和相对水深的关系。表 5.2-1 给出了 8 组粒径：<0.005mm、0.005～0.01mm、0.01～0.025mm、0.025～0.05mm、0.05～0.1mm、0.1～0.25mm、0.25～0.50mm、0.50～1.0mm，u_* 为 0.05m/s 和 0.10m/s，h_0 为 5m 和 20m，$\frac{h_0}{D_{50}}$ 为 1000 和 100000 等不同情况下的 η_Q 和 $\eta_{s.l.2}$。

本研究的复杂江湖一维河网模型的三口分沙比算法采用上述分沙模式和表中的含沙量比成果进行了改进。

表 5.2 - 1　支汊道悬移质含沙量比成果表

$h_0/D_{50} = 100000$，$U_* = 0.05$，$h_0 = 20$

参数　D_l ＼ η_{s*l}　η_Q	0.0005	0.0146	0.0666	0.1143	0.1799	0.2658	0.3734	0.4873
<0.005	0.9988	0.9994	0.9997	0.9998	0.9999	0.9999	1.0000	1.0000
0.005~0.01	0.9920	0.9952	0.9969	0.9976	0.9982	0.9988	0.9994	1.0000
0.01~0.025	0.9548	0.9722	0.9816	0.9854	0.9890	0.9924	0.9960	0.9997
0.025~0.05	0.8093	0.8776	0.9165	0.9327	0.9481	0.9630	0.9799	0.9977
0.05~0.10	0.4046	0.5615	0.6708	0.7218	0.7739	0.8302	0.8964	0.9833
0.10~0.25	0.0242	0.0709	0.1295	0.1677	0.2165	0.2843	0.3959	0.6949
0.25~0.5	0.0000	0.0000	0.0000	0.0000	0.0000	0.0000	0.0001	0.0009
0.5~1.0	0.0000	0.0000	0.0000	0.0000	0.0000	0.0000	0.0000	0.0000

$h_0/D_{50} = 100000$，$U_* = 0.05$，$h_0 = 5$

参数　D_l ＼ η_{s*l}　η_Q	0.0005	0.0146	0.0666	0.1143	0.1799	0.2658	0.3734	0.4873
<0.005	0.9987	0.9993	0.9996	0.9997	0.9998	0.9999	1.0000	1.0000
0.005~0.01	0.9919	0.9952	0.9969	0.9976	0.9982	0.9988	0.9994	1.0000
0.01~0.025	0.9548	0.9722	0.9816	0.9854	0.9889	0.9924	0.9959	0.9996
0.025~0.05	0.8092	0.8776	0.9165	0.9327	0.9481	0.9635	0.9799	0.9977
0.05~0.10	0.4044	0.5613	0.6706	0.7215	0.7736	0.8298	0.8960	0.9829
0.10~0.25	0.0239	0.0700	0.1280	0.1657	0.2140	0.2810	0.3912	0.6888
0.25~0.5	0.0000	0.0000	0.0000	0.0000	0.0000	0.0001	0.0003	0.0040
0.5~1.0	0.0000	0.0000	0.0000	0.0000	0.0000	0.0000	0.0000	0.0000

$h_0/D_{50} = 1000$，$U_* = 0.05$，$h_0 = 20$

参数　D_l ＼ η_{s*l}　η_Q	0.0006	0.0154	0.0698	0.1190	0.1863	0.2732	0.3799	0.4887
<0.005	0.9987	0.9993	0.9996	0.9997	0.9998	0.9999	1.0000	1.0000
0.005~0.01	0.9921	0.9954	0.9970	0.9977	0.9983	0.9989	0.9995	1.0000
0.01~0.025	0.9563	0.9737	0.9830	0.9867	0.9902	0.9935	0.9968	0.9998
0.025~0.05	0.8160	0.8846	0.9234	0.9394	0.9545	0.9693	0.9844	0.9989
0.05~0.10	0.4215	0.5845	0.6970	0.7490	0.8015	0.8572	0.9203	0.9923
0.10~0.25	0.0360	0.1053	0.1916	0.2472	0.3173	0.4128	0.5637	0.8985
0.25~0.5	0.0000	0.0003	0.0013	0.0025	0.0049	0.0105	0.0294	0.2867
0.5~1.0	0.0000	0.0000	0.0000	0.0000	0.0000	0.0000	0.0000	0.0059

$h_0/D_{50} = 1000$，$U_* = 0.05$，$h_0 = 5$

参数　D_l ＼ η_{s*l}　η_Q	0.0006	0.0154	0.0698	0.1190	0.1863	0.2732	0.3799	0.4887
<0.005	0.9987	0.9993	0.9996	0.9997	0.9998	0.9999	1.0000	1.0000
0.005~0.01	0.9921	0.9954	0.9970	0.9977	0.9983	0.9989	0.9995	1.0000
0.01~0.025	0.9563	0.9737	0.9830	0.9867	0.9902	0.9935	0.9968	0.9998
0.025~0.05	0.8160	0.8846	0.9234	0.9394	0.9545	0.9693	0.9844	0.9989
0.05~0.10	0.4215	0.5845	0.6970	0.7489	0.8014	0.8572	0.9203	0.9923
0.10~0.25	0.0360	0.1053	0.1916	0.2472	0.3173	0.4128	0.5636	0.8985
0.25~0.5	0.0000	0.0003	0.0012	0.0024	0.0048	0.0104	0.0290	0.2829
0.5~1.0	0.0000	0.0000	0.0000	0.0000	0.0000	0.0000	0.0000	0.0049

续表

$U_* = 0.1$，$h_0 = 5$

D_i	\multicolumn{8}{c}{$h_0/D_{50}=1000$（η_{s*i}）}								\multicolumn{8}{c}{$h_0/D_{50}=100000$（η_{s*i}）}							
η_{s*i} / η_Q	0.0006	0.0154	0.0698	0.1190	0.1863	0.2732	0.3799	0.4887	0.0005	0.0146	0.0666	0.1143	0.1799	0.2658	0.3734	0.4873
<0.005	0.9994	0.9997	0.9998	0.9999	0.9999	1.0000	1.0000	1.0000	0.9994	0.9997	0.9998	0.9999	0.9999	1.0000	1.0000	1.0000
0.005~0.01	0.9961	0.9977	0.9986	0.9990	0.9992	0.9995	0.9998	1.0000	0.9961	0.9977	0.9986	0.9990	0.9992	0.9995	0.9998	1.0000
0.01~0.025	0.9780	0.9869	0.9916	0.9934	0.9952	0.9968	0.9984	0.9999	0.9773	0.9862	0.9909	0.9928	0.9946	0.9963	0.9981	0.9999
0.025~0.05	0.9043	0.9415	0.9618	0.9700	0.9777	0.9851	0.9926	0.9995	0.9006	0.9379	0.9584	0.9667	0.9746	0.9824	0.9905	0.9990
0.05~0.10	0.6603	0.7766	0.8468	0.8769	0.9059	0.9351	0.9660	0.9973	0.6486	0.7633	0.8331	0.8633	0.8927	0.9229	0.9580	0.9942
0.10~0.25	0.2333	0.3956	0.5276	0.5943	0.6659	0.7469	0.8470	0.9813	0.2146	0.3645	0.4873	0.5501	0.6182	0.6968	0.7976	0.9553
0.25~0.5	0.0165	0.0587	0.1197	0.1624	0.2197	0.3032	0.4478	0.8411	0.0086	0.0306	0.0627	0.0854	0.1163	0.1622	0.2452	0.5215
0.5~1.0	0.0000	0.0002	0.0010	0.0019	0.0039	0.0086	0.0247	0.2652	0.0000	0.0000	0.0000	0.0000	0.0001	0.0002	0.0006	0.0082

$U_* = 0.1$，$h_0 = 20$

D_i	\multicolumn{8}{c}{$h_0/D_{50}=1000$（η_{s*i}）}								\multicolumn{8}{c}{$h_0/D_{50}=100000$（η_{s*i}）}							
η_{s*i} / η_Q	0.0006	0.0154	0.0698	0.1190	0.1863	0.2732	0.3799	0.4887	0.0005	0.0146	0.0666	0.1143	0.1799	0.2658	0.3734	0.4873
<0.005	0.9994	0.9997	0.9998	0.9999	0.9999	1.0000	1.0000	1.0000	0.9994	0.9997	0.9998	0.9999	0.9999	1.0000	1.0000	1.0000
0.005~0.01	0.9961	0.9977	0.9986	0.9990	0.9992	0.9995	0.9998	1.0000	0.9961	0.9977	0.9986	0.9990	0.9992	0.9995	0.9998	1.0000
0.01~0.025	0.9780	0.9889	0.9918	0.9934	0.9952	0.9968	0.9984	0.9999	0.9773	0.9862	0.9909	0.9928	0.9946	0.9963	0.9981	0.9999
0.025~0.05	0.9043	0.9415	0.9618	0.9700	0.9777	0.9851	0.9926	0.9995	0.9006	0.9379	0.9584	0.9667	0.9746	0.9824	0.9905	0.9990
0.05~0.10	0.6603	0.7766	0.8468	0.8769	0.9060	0.9352	0.9661	0.9973	0.6487	0.7634	0.8332	0.8634	0.8928	0.9230	0.9561	0.9943
0.10~0.25	0.2333	0.3956	0.5276	0.5943	0.6659	0.7469	0.8470	0.9813	0.2149	0.3651	0.4881	0.5509	0.6191	0.6978	0.7988	0.9567
0.25~0.5	0.0165	0.0587	0.1197	0.1624	0.2197	0.3032	0.4478	0.8411	0.0077	0.0275	0.0563	0.0768	0.1045	0.1458	0.2203	0.4687
0.5~1.0	0.0000	0.0002	0.0010	0.0019	0.0039	0.0086	0.0247	0.2652	0.0000	0.0000	0.0000	0.0000	0.0000	0.0000	0.0001	0.0013

5.3　江湖河网一维水沙数学模型的验证

利用 2003 年的实测资料对改进的江湖河网一维水沙数学模型进行了率定，计算了 20 个站的水位和流量。其中长江干流计算了 7 站，分别是宜昌、枝城、沙市、新厂、监利、螺山、汉口；洞庭湖区（含三口河道）共计算了 13 站，分别是新江口、沙道观、弥陀寺、康家岗、管家铺、安乡、大湖口、官垸、南咀、南县、草尾、小河咀、自治局，率定所得模型糙率值为 0.02～0.04。

在模型率定良好的基础上，利用 2003—2012 年的实测地形和 2003—2013 年实测水沙数据开展了验证计算，主要从河段冲淤量、测站水位流量关系和三口分流分沙比等方面检验模型的可靠性。

在江湖河网一维水沙数学模型中，长江除拥有宜昌入口断面的水量沙量边界外，还有清江、汉江、湖口等水沙边界，下游大通出口断面提供水位边界。洞庭湖区的水沙条件，主要考虑湘水、资水、沅水、澧水的外部汇入，其与长江的水沙交互，由河网数学模型内部计算。

5.3.1　长江中游水位流量关系验证

长江干流 2003—2013 年各站的水位流量验证计算值与实测值对比见图 5.3-1～图 5.3-7；图 5.3-8～图 5.3-12 为三口河道进口测站水位流量关系实测值与计算对比。可见各站模型计算水位流量关系与实测吻合较好。

5.3.2　长江中游河道冲淤量验证

长江中游宜昌至湖口河段分段冲淤验证结果见图 5.3-13。2003—2012 年的 10 年期间，宜昌—湖口河段实测累计冲刷量 11.88 亿 m³，模型计算值为 10.79 亿 m³，比实测值少 9.2%；宜枝河段与上荆江计算误差约 40.0%，其他分河段误差均在 20% 以内，计算值与实测值符合良好。

5.3.3　荆江三口分流分沙验证

对三口河道分流分沙的验证，使用了 2003—2013 年实测资料，计算所得松滋河、虎渡河和藕池河三口分流和分沙值见表 5.3-1，各口门分流分沙过程见图 5.3-14～图 5.3-19。由此可见，三口分流分沙计算值与实际情况符合良好，模型计算 2003—2013 年三口年均分流分沙量分别为 453 亿 m³ 和 1226 万 t（见表 5.3-1），与实测值相比分流量小3.82%，分沙量大 13.4%。

通过验证计算所得长江与荆江三口各站水位流量关系曲线、长江干流分段冲淤结果，以及三口分流分沙逐日曲线可以判定，江湖河网一维水沙数学模型能够较好地模拟三峡下游河道冲淤变化。

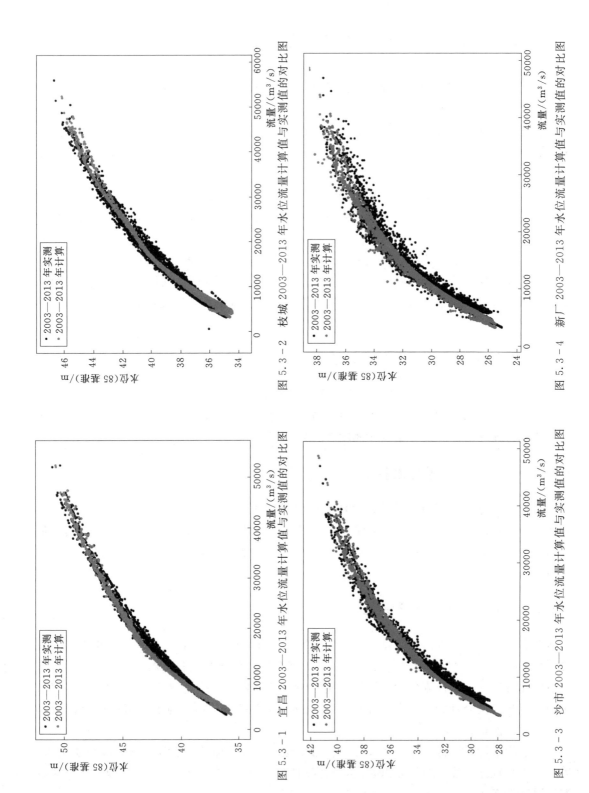

图 5.3 - 1　宜昌 2003—2013 年水位流量计算值与实测值的对比图

图 5.3 - 2　枝城 2003—2013 年水位流量计算值与实测值的对比图

图 5.3 - 3　沙市 2003—2013 年水位流量计算值与实测值的对比图

图 5.3 - 4　新厂 2003—2013 年水位流量计算值与实测值的对比图

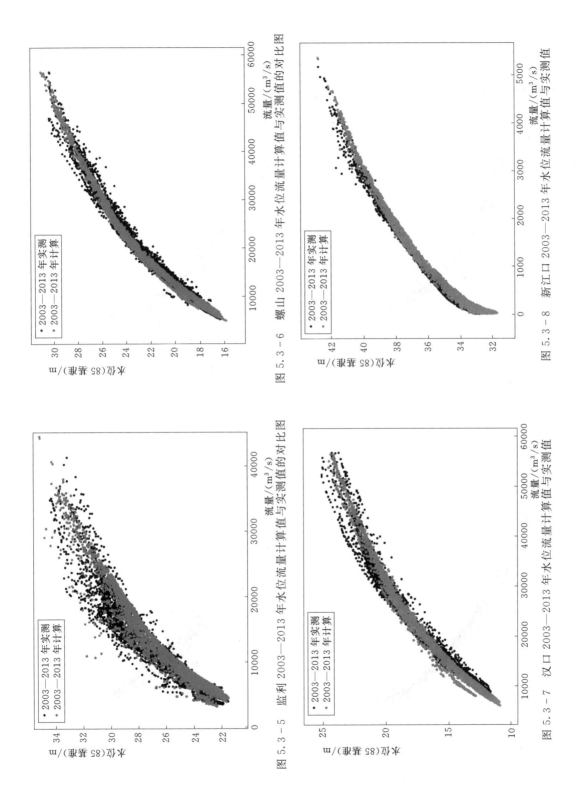

图 5.3 - 5　监利 2003—2013 年水位流量计算值与实测值的对比图

图 5.3 - 6　螺山 2003—2013 年水位流量计算值与实测值的对比图

图 5.3 - 7　汉口 2003—2013 年水位流量计算值与实测值

图 5.3 - 8　新江口 2003—2013 年水位流量计算值与实测值

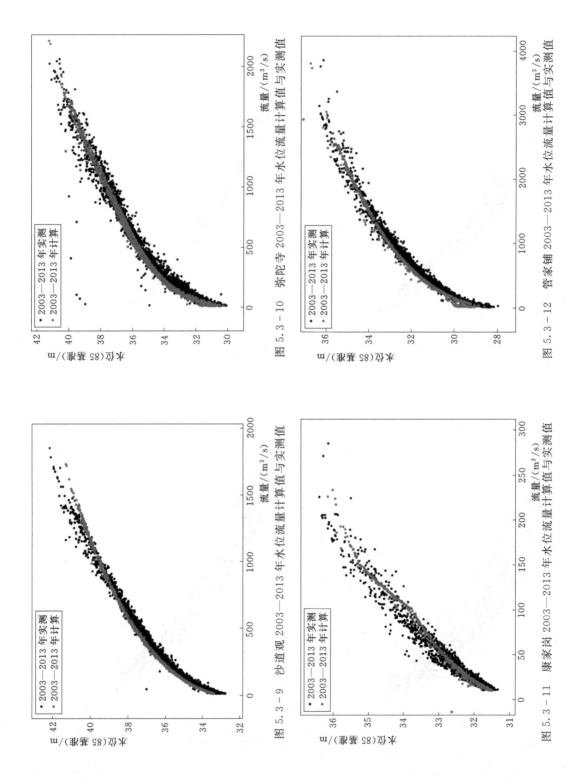

图 5.3－9 沙道观 2003—2013 年水位流量计算值与实测值

图 5.3－10 弥陀寺 2003—2013 年水位流量计算值与实测值

图 5.3－11 康家岗 2003—2013 年水位流量计算值与实测值

图 5.3－12 管家铺 2003—2013 年水位流量计算值与实测值

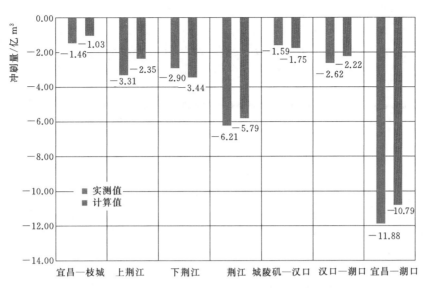

图 5.3-13　长江中游 2003—2012 年河道冲淤验证结果

表 5.3-1　　　　　　　　　2003—2013 年三口年平均分流分沙量验证

类　　别	松滋口	太平口	藕池口	三口合计
实测分流量/亿 m³	292	73	106	471
计算分流量/亿 m³	288	89	76	453
实测分沙量/万 t	572	155	354	1081
计算分沙量/万 t	743	219	263	1226

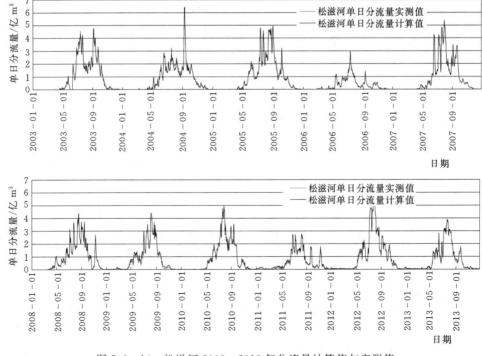

图 5.3-14　松滋河 2003—2013 年分流量计算值与实测值

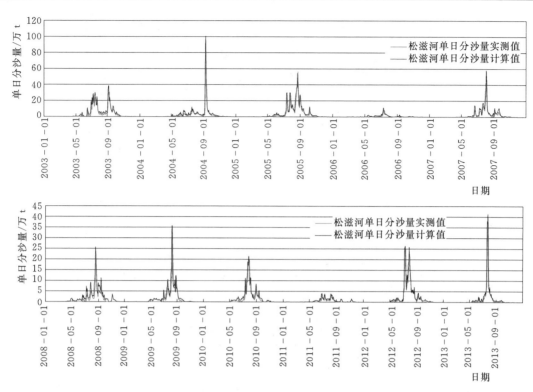

图 5.3-15　松滋河 2003—2013 年分沙量计算值与实测值

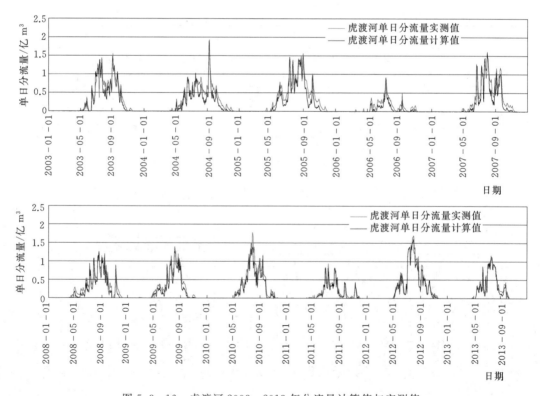

图 5.3-16　虎渡河 2003—2013 年分流量计算值与实测值

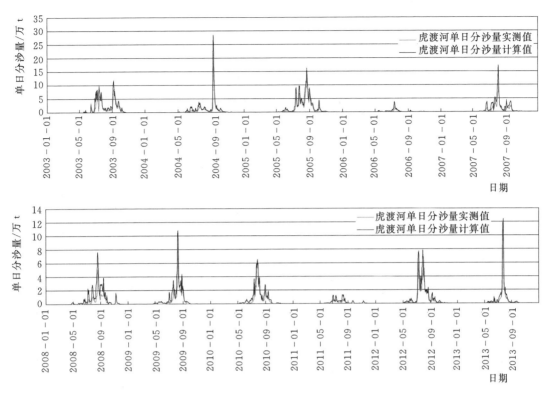

图 5.3-17　虎渡河 2003—2013 年分沙量计算值与实测值

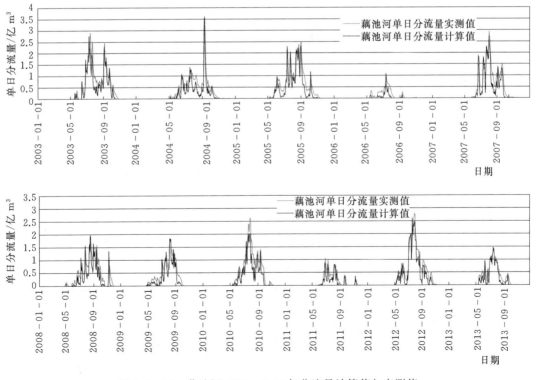

图 5.3-18　藕池河 2003—2013 年分流量计算值与实测值

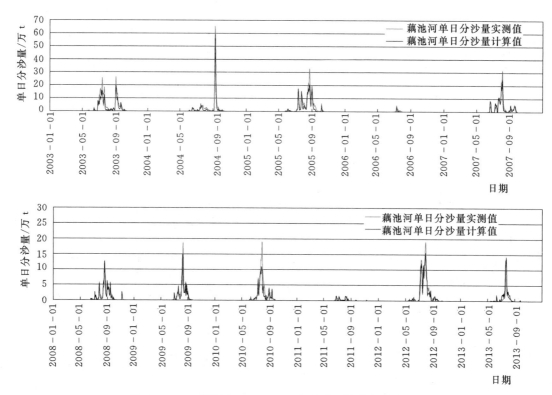

图 5.3-19　藕池河 2003—2013 年分沙量计算值与实测值

5.4　水沙变异条件下河段演变趋势

5.4.1　计算条件

5.4.1.1　水沙条件

模型计算采用的 1991—2000 年典型系列，枝城站年平均径流量为 4462 亿 m³，包括三峡水库下泄（宜昌站）和清江水量。三峡水库及其上游干支流主要梯级水库（乌东德、白鹤滩、溪洛渡、向家坝、二滩等）按规划运行调度方案联合运行后，1991—2000 年系列枝城站月径流量过程变化见表 5.4-1。

表 5.4-1　　　　　　　　　　枝 城 月 径 流 量 统 计　　　　　　　　　单位：亿 m³

月份	天然状态	三峡水库正常蓄水		多库联合调度	
	径流量	径流量	与天然状态径流量之差	径流量	与天然状态径流量之差
1	123	150	27	205	82
2	102	147	45	203	101
3	130	183	53	239	109
4	189	222	33	278	89

月份	天然状态	三峡水库正常蓄水		多库联合调度	
	径流量	径流量	与天然状态径流量之差	径流量	与天然状态径流量之差
5	314	364	50	298	−16
6	490	516	26	380	−110
7	898	878	−20	877	−21
8	764	756	−8	711	−53
9	576	558	−18	471	−105
10	449	258	−191	258	−191
11	261	256	−5	306	45
12	166	174	8	236	70
全年	4462	4462	0	4462	0

表 5.4 − 1 中列出了枝城在天然条件下各月的径流量，三峡水库正常蓄水月径流量，以及多库联合调度后的月径流量。从表 5.4 − 1 中可以看出，三峡水库正常蓄水运用较之天然状态，枝城 12 月至次年 6 月，径流量加大 242 亿 m³，而 7—11 月径流量减小 242 亿 m³。多库联合调度较之天然状态，枝城 11 月至次年 4 月径流量加大约 496 亿 m³，5—10 月径流量减小也为 496 亿 m³。可见多库联合调度月径流调节的绝对数值很大，但是相对值仅及年总量的 11.1%。其中 3 月径流量增加最大，达 109 亿 m³；10 月减少最多，达 191 亿 m³。

5.4.1.2　三峡出库沙量变化

三峡水库出库沙量与入库水、沙及运行方式关系密切，本研究计算采用的三峡及上游梯级水库联合运用 50 年，年平均出库沙量 0.372 亿 t（见表 5.4 − 2）。上游干流梯级水库运用后进一步减少三峡出库沙量，其中 2023—2032 年出库沙量最小，年出库沙量及平均含沙量分别为 0.307 亿 t 和 0.071kg/m³，该 10 年内出库沙量最小，是金沙江下游乌东德、白鹤滩建库的作用。此后年出库沙量缓慢增加，2053—2062 年，年平均出库沙量为 0.496 亿 t，平均出库含沙量约 0.114kg/m³。

表 5.4 − 2　　　　　　　　　三峡水库排沙统计表

起止年份	2013—2022	2023—2032	2033—2042	2043—2052	2053—2062
沙量/亿 t	0.335	0.307	0.331	0.394	0.496
含沙量/(kg/m³)	0.077	0.071	0.076	0.091	0.114

5.4.2　演变趋势预测

5.4.2.1　三口分流分沙演变

三峡水库等多库联合调度后，1991—2000 年典型系列条件下，三口河道月径流量见表 5.4 − 3。其中分流数据是由数学模型根据初期地形推算的。可见长江干流年径流量相同，且在不考虑荆江及三口河道冲淤等其他条件下，多库联合调度可使三口河道年径流量减少 69 亿 m³，尤其是上游水库蓄水较多的 10 月，三口分流量减少近 40 亿 m³，约合 73.3%，可见蓄水影响还是很大的。

表 5.4-3　　　　　　　　　　三口月径流量统计　　　　　　　　单位：亿 m³

月份	天然状态	三峡水库正常蓄水		多库联合调度	
	径流量	径流量	与天然状态径流量之差	径流量	与天然状态径流量之差
1	0.2	0.9	0.7	5.0	4.8
2	0.2	1.4	1.2	6.3	6.1
3	0.7	3.1	2.4	9.2	8.5
4	5.9	8.7	2.8	17.0	11.1
5	25.0	35.4	10.4	22.2	−2.8
6	71.2	77.5	6.3	44.3	−26.9
7	178.7	173.3	−5.4	173.3	−5.4
8	139.5	137.4	−2.1	126.6	−12.9
9	90.2	85.5	−4.7	64.1	−26.1
10	54.4	14.6	−39.8	14.6	−39.8
11	15.6	14.8	−0.8	23.2	7.6
12	2.4	2.7	0.3	8.9	6.5
全年	584.0	555.3	−28.7	514.7	−69.3

1. 三口分流分沙量变化

三峡水库运用至 2062 年，并与上游梯级水库联合调度，松滋口、太平口和藕池口分流量及分沙量见表 5.4-4。

表 5.4-4　　　　　　　　　　三口分流分沙变化

起止年份	松滋口		太平口		藕池口		三口合计	
	分流量/亿 m³	分沙量/万 t	分流量/亿 m³	分沙量/万 t	分流量/亿 m³	分沙量/万 t	分流量/亿 m³	分沙量/万 t
2013—2022	364.0	498.3	97.1	136.5	132.4	328.1	593.5	962.9
2023—2032	350.7	412.0	83.0	112.3	112.7	229.6	546.4	753.9
2033—2042	348.7	412.7	80.7	115.1	109.6	210.4	539.0	738.3
2043—2052	345.3	464.6	79.2	132.0	106.0	220.1	530.6	816.7
2053—2062	341.9	550.0	78.2	157.5	103.3	246.4	523.3	953.9

自 2013 年至 2062 年三口合计分流量由 593.5 亿 m³ 减至 523.3 亿 m³，共减少 70.2 亿 m³。年衰减率约为 0.0024/a，仅及三峡水库运用前多年平均衰减率 0.016/a 的 14.8%。可见三口衰退大幅减缓，主要原因是建库前荆江冲刷，三口河道淤积，故随着时间推移，两者过水面积差距越来越大。而三峡水库运用后，荆江仍然冲刷，但是三口河道

改变了大量淤积态势，而是微冲微淤，随着时间推移，它们的过水面积变化不再那样大，故分流比变化慢。另外，此时分流河道过水面积没有冲和冲刷少，赶不上荆江的冲刷比例，故径流量仍然有所衰减。至于分流河道断流仍然存在，这是因为 5 条分流河道中，除松滋西支外，其他四支断流量均超过三峡水库运用后枝城最枯流量 6000m³/s，因而仍然断流，加之它们均会继续淤积或不冲不淤，故不可能减少断流天数。当枝城流量为 6000m³/s，松滋西支不会断流，故可预见三峡水库运用后，在相当长时间内松滋河西支不会断流。

2. 枝城不同流量下三口分流分沙比变化趋势

三峡水库等多库联合调度运用后，松滋口、太平口和藕池口在 2022 年、2032 年和 2062 年的分流比及分沙比见表 5.4－5 和表 5.4－6。可知，枝城流量越大，三口合计分流比越大，随着时间的推移，枝城不同流量下三口合计分流比均呈衰减趋势，但衰减速度较慢，这与三峡水库运用后三口河道微冲微淤有关。

表 5.4－5　　　　枝城不同流量下 2022 年、2032 年和 2062 年的三口分流比

枝城流量 /(m³/s)	松滋河		虎渡河	藕池河		三口合计
	新江口	沙道观	弥陀寺	康家岗	管家铺	
2022 年三口控制站分流比/%						
10000	3.26	0.00	0.16	0.00	0.00	3.41
20000	8.73	0.73	2.69	0.18	3.16	15.49
30000	9.79	2.23	3.94	0.40	5.39	21.75
40000	10.17	2.91	3.99	0.42	6.11	23.60
50000	9.94	3.27	4.07	0.53	6.48	24.29
56700	10.23	3.64	4.24	0.70	7.29	26.11
2032 年三口控制站分流比/%						
10000	3.35	0.00	0.14	0.00	0.00	3.49
20000	8.70	0.66	2.62	0.18	3.06	15.22
30000	9.89	2.19	3.85	0.39	5.14	21.47
40000	10.10	2.83	3.92	0.41	5.89	23.14
50000	10.00	3.25	3.98	0.52	6.24	23.99
56700	10.12	3.58	4.20	0.70	7.10	25.70
2062 年三口控制站分流比/%						
10000	3.42	0.00	0.16	0.00	0.00	3.58
20000	8.25	0.42	2.07	0.05	1.78	12.58
30000	9.71	2.02	3.67	0.39	4.65	20.43
40000	9.97	2.70	3.71	0.39	5.37	22.15
50000	9.85	3.09	3.85	0.50	5.81	23.11
56700	10.18	3.46	4.03	0.68	6.69	25.03

表 5.4 - 6　　　　枝城不同流量下 2022 年、2032 年和 2062 年的三口分沙比

枝城流量 /(m³/s)	松滋河		虎渡河	藕池河		三口合计
	新江口	沙道观	弥陀寺	康家岗	管家铺	
2022 年三口控制站分沙比/%						
10000	7.74	0.00	0.49	0.01	0.00	8.21
20000	9.38	0.74	2.80	0.18	2.77	15.87
30000	11.90	2.99	4.37	0.87	9.47	29.60
40000	12.01	4.34	4.13	0.83	12.82	34.13
50000	9.90	3.31	4.07	0.51	6.83	24.62
56700	10.47	4.16	4.24	0.85	10.07	29.80
2032 年三口控制站分沙比/%						
10000	5.79	0.00	0.30	0.00	0.00	6.09
20000	9.06	0.61	2.68	0.16	2.62	15.13
30000	10.64	2.54	3.94	0.67	7.13	24.92
40000	10.95	3.75	3.99	0.67	10.12	29.48
50000	9.93	3.18	3.98	0.49	6.10	23.68
56700	10.06	3.76	4.19	0.77	8.22	26.99
2062 年三口控制站分沙比/%						
10000	6.27	0.00	0.26	0.00	0.00	6.53
20000	13.21	0.67	3.32	0.05	2.26	19.50
30000	10.49	2.44	3.74	0.60	6.32	23.59
40000	11.13	3.66	4.07	0.55	8.20	27.62
50000	9.66	2.92	3.81	0.45	5.20	22.03
56700	9.73	3.15	3.87	0.63	6.06	23.45

5.4.2.2　三峡下游河道冲刷

三峡下游河道冲刷计算成果见表 5.4 - 7，可以看出：

表 5.4 - 7　　　　三峡下游及分流河道累积冲淤体积　　　　单位：亿 m³

年份	2022	2032	2042	2052	2062
宜昌—枝城	−1.01	−1.05	−1.07	−1.09	−1.11
枝城—藕池口	−3.31	−3.86	−4.04	−4.16	−4.27
藕池口—城陵矶	−3.59	−6.41	−8.39	−9.60	−10.25
城陵矶—汉口	−3.51	−5.81	−7.24	−8.23	−8.88

（1）宜昌至枝城段，自 2013 年至 2062 年，累计冲刷 1.11 亿 m³，冲刷量并不大，但仍在缓慢冲刷，这与该段为卵石挟沙河床有关，冲刷至后期，在床面卵石掩蔽作用下，难于冲刷，故达到平衡很慢。

（2）枝城至藕池口河段，2032 年后冲刷增加缓慢，至 2062 年累计冲刷 4.27 亿 m³；藕池口至城陵矶为沙质河床，至 2062 年，冲刷达 10.25 亿 m³，这 50 年间冲淤速度逐渐减小，但仍未平衡；城陵矶至汉口 50 年冲刷约 8.88 亿 m³，尚未平衡。

（3）各段冲刷的面积见表 5.4－8。从表 5.4－8 中看出，至 2062 年，藕池口至城陵矶，即下荆江河段冲刷最严重，平均冲刷面积 6680m²，如按主槽宽 1300m，则平均冲刷深约 5.14m。相对而言上荆江（枝城至藕池口）冲刷较少，为 2704m²，小于城陵矶至武汉段的冲刷面积 3821m²。

表 5.4－8　　　　　　　　　　长江中下游干流河道平均冲淤面积　　　　　　　　单位：m²

河段	2022 年	2032 年	2042 年	2052 年	2062 年
宜昌—枝城	−1723	−1793	−1835	−1869	−1900
枝城—藕池口	−2096	−2444	−2559	−2637	−2704
藕池口—城陵矶	−2338	−4180	−5470	−6256	−6680
城陵矶—汉口	−1508	−2500	−3115	−3538	−3821

第6章　荆江河段河道冲刷下切的影响分析

三峡工程投入运用后荆江河段发生大幅度冲刷，随着上游控制性水库陆续投入运用，上游来沙明显减少，荆江河段河道冲刷下切幅度将进一步加大，引起河道岸坡、中枯水位及江湖关系的变化响应，将对河势稳定、防洪安全、航道畅通、水资源综合利用等产生影响，荆江河段河道冲刷下切趋势及其影响问题引起了社会广泛关注。

本章采用现场调研、理论分析、实测资料分析、岸坡抗滑稳定计算和二维泥沙数学模型相结合的技术手段，结合河道冲刷下切现状及未来发展过程预测成果，分析水沙变异条件下河势变化情况，研判河道冲刷导致的岸坡稳定性变化，定量评估了河道冲刷下切对河势及岸坡稳定性、供水与灌溉的影响，拓展了荆江河段治理思路。

6.1　荆江河段冲刷下切对河势的影响

三峡工程修建前，荆江河床冲淤变化频繁。1966—1981 年在下荆江裁弯期及裁弯后，荆江河床一直呈持续冲刷状态，累计冲刷泥沙 3.46 亿 m³，年均冲刷量为 0.231 亿 m³/a；1981 年葛洲坝水利枢纽建成后，荆江河床继续冲刷，1981—1986 年冲刷泥沙 1.29 亿 m³，年均冲刷量为 0.258 亿 m³/a；1986—1996 年则以淤积为主，其淤积量为 0.76 亿 m³，主要淤积在下荆江，年均淤积泥沙 0.076 亿 m³；1998 年大水期间，长江中下游高水位持续时间长，荆江河床"冲槽淤滩"现象明显，1996—1998 年枯水河槽冲刷泥沙 0.541 亿 m³，但枯水位以上河床则淤积泥沙 1.39 亿 m³，主要集中在下荆江；1998 年大水后，荆江河床冲刷较为剧烈，1998—2002 年冲刷量为 1.02 亿 m³，年均冲刷量为 0.255 亿 m³/a。

三峡工程蓄水运用后，荆江河段冲淤情况发生改变。2002 年 10 月至 2015 年 10 月，荆江河段平滩河槽累计冲刷泥沙 8.32 亿 m³，年均冲刷量为 0.640 亿 m³/a，远大于三峡蓄水前 1975—2002 年年均冲刷量 0.137 亿 m³/a。其中上、下荆江冲刷量分别占总冲刷量的 57.4%、42.6%。期间，荆江深泓纵向平均冲深 2.14m。从冲淤量沿程分布来看，枝江、沙市、公安、石首、监利河段冲刷量分别占荆江冲刷量的 22%、21%、15%、23% 和 19%，年均河床冲刷强度则以沙市河段的 24.24 万 m³/(km·a) 为最大，其次为枝江河段的 23.61 万 m³/(km·a)。

6.1.1　荆江河势变化特性

近几十年荆江河段演变规律表现如下：

（1）河道大幅冲刷，深槽下切。三峡水库运行前荆江河段平滩河槽下河床冲刷。其中上荆江冲刷主要集中在枯水河槽，下荆江则表现为淤槽冲滩。

三峡水库蓄水运用后荆江河段平滩河槽下河道滩、槽均发生冲刷，与三峡蓄水前的"冲槽淤滩"特征有所不同。从沿程分布来看，公安河段、石首河段、监利河段分别冲刷幅度相对较大。

由于两岸护岸工程的制约，荆江河段深泓以纵向下切为主，2002 年 10 月至 2015 年 10 月，深泓平均冲深 2.14m，最大冲刷深度 14.4m，位于调关河段的荆 120 断面；其次为沙市河段三八滩滩头附近（荆 35 断面），冲刷深度为 13.2m。枝江河段深泓平均冲深 2.85m，最大冲深为 11.2m，位于关洲汊道（关 09）；沙市河段深泓平均冲深 3.38m，最大冲深位于三八滩滩头附近，即上述荆江河段该时段内的第二大冲深值；公安河段平均冲刷深度为 1.33m，最大冲深位于新厂水位站附近（公 2），冲刷深度为 7.5m；石首河段深泓平均冲刷深度为 2.9m，最大冲刷深度位于调关河段（荆 120），为 14.4m；监利河段深泓平均冲刷深度为 0.73m，最大冲刷深度位于乌龟洲段（荆 144），为 9.3m。

（2）上荆江总体河势相对稳定，局部水域年内主流摆动幅度较大。上荆江河段的董市洲、柳条洲、江口洲、火箭洲、马羊洲、突起洲、南五洲等分汊段主支汊分流格局多年来相对稳定，主汊分流比一般在 70% 以上，主汊主流平面位置年内具有"汛期主流趋中走直、中枯水期落弯贴岸下行"的特征；主支汊分流格局变化较频繁的有关洲至芦家河段、太平口心滩段至三八滩段。上述水域洲（滩）体高程较低，对河道水流控导能力较弱，属于枯水期分汊性河段，主流平面位置年内摆动幅度较大：关洲至芦家河段在 20000m³/s 流量以上时，主流走向为关洲右汊→芦家河左汊（沙泓）；在 20000m³/s 流量以下时，主流走向为关洲左汊→芦家河右汊（石泓）。

下荆江河段主流线平面位置年内变化也具有"汛期主流趋中走直、中枯水期落弯贴岸下行"的特征。三峡水库蓄水运用后，除监利弯道外，其余弯道段的顶冲点均出现一定幅度下移，弯道之间的过渡段主流平面位置也相应出现调整：中洲子与鹅公凸、熊家洲与七弓岭弯道间的过渡段主流线明显左摆；熊家洲与七弓岭弯道间的过渡段主流由沿右岸下行转化为沿左岸八姓洲近岸下行。

（3）江心洲受冲后退，局部水域边滩切滩撇弯。三峡水库蓄水运用后，荆江河段的江心洲基本呈现洲头冲刷后退、面向主汊一侧的洲体近岸冲刷的演变特点，其中以董市洲、柳条洲和乌龟洲变化最为显著；荆江河段的主要江心滩有太平口心滩、三八滩。太平口心滩具有"冲刷切割成小滩、小滩淤积相连成大滩"的周期性演变特点。1998 年以来，三八滩总体处于被冲刷切割、滩面高程降低的态势。2002—2011 年，三八滩面积（30.0m 高程）减少幅度达 75%；下荆江的石首、调关、中洲子、监利、荆江门、七弓岭、观音洲等河弯的凸岸边滩上部出现了较大幅度的冲刷，监利河弯的新沙洲、七弓岭河弯的八姓洲凸岸边滩出现了切滩撇弯现象。

（4）崩岸强度及频率有所加大。三峡水库蓄水运用后，荆江河段河道大幅冲刷，冲刷部位主要发生在枯水河槽，导致岸坡向陡峻方向发展，崩岸强度及频率均有所加大。上荆江的林家脑、腊林洲、文村夹、南五洲、茅林口以及下荆江的北门口（下段）、北碾子湾末端至柴码头、中洲子（下段）、铺子湾（上段）、天字一号（下段）、杨岭子、八姓洲西侧沿线、七姓洲西侧（下段）、观音洲末端等处发生新的崩岸险情。已实施的护岸工程多处发生损毁现象，如上荆江的七星台、学堂洲以及下荆江的北碾子湾、金鱼钩、连心坑、中洲子（中段）、新沙洲（下段）、铺子湾（中段）、团结闸、姜介子、荆江门、七弓岭（下段）、观音洲（中段）等。据统计，三峡水库蓄水前，荆江河段年均发生崩岸 15 处，长度 6560m。三峡水库蓄水运用后，荆江河段年均发生崩岸 26 处，长度 17380m，崩岸频率及强度都有加大趋势。

6.1.2 荆江河势演变趋势

1. 枝城至杨家脑段

根据坝下游冲刷数学模型计算，三峡水库蓄水运用后，本河段强烈冲刷发生在水库运用初期 10 年内，河床平均冲刷深度为 1m 左右。预计全河段的河势不致发生重大变化，局部河段的河势将有不同程度调整。洋溪弯道平面形态仍保持相对稳定，由于关洲右汊位于弯道凹岸一侧，中枯水期右汊进口面迎主流，仍将保持其主汊地位。董市汊道的左汊和江口弯道的左汊均为支汊，分流比较小，三峡水库运行后主汊河床冲刷强度较支汊大，支汊分流比进一步减小。

2. 杨家脑至藕池口段

根据坝下游冲刷数学模型计算，三峡水库蓄水运用后，本河段冲刷主要发生在水库运用初期 30 年内，河床平均冲刷深度为 3m 左右，预计全河段护岸工程经过进一步增建和加固，总体河势仍将保持稳定，但局部河段的河势将发生不同程度的调整。局部河段河势调整有：一是三峡建坝后坝下游河床冲刷，上游来流过程的改变以及松滋口、太平口的分流比的减小，涴市、沙市、公安和郝穴弯道凹岸主流顶冲部位将有一定调整，涴市弯道的马羊洲左汊和公安弯道突起洲左汊分流比减少；二是太平口长顺直放宽段内的太平口心滩分汊段及沙市弯道的三八滩汊道段河势调整幅度较大，金城洲汊道段的左汊将保持主汊地位；三是马家咀长顺直放宽段及公安弯道突起洲汊道段的河势有一定调整，由于三峡建坝后汛期洪峰流量削减，中水期历时加长，突起洲右汊冲刷强度较大，故仍将保持为主汊；四是公安弯道与郝穴弯道之间的杨家场短顺直段长度仅 2km，出口主流顶出点有所下移，过渡段长度增加；五是新厂长顺直放宽段分流段受三峡建坝后水库下泄流量过程的改变和藕池口分流比减小的影响，河势可能有较大调整。

3. 藕池口至城陵矶河段

根据坝下游冲刷数学模型计算，三峡水库蓄水运用后，全河段将发生较大冲刷，水库运用 50 年，河槽平均冲深 6m 左右，加上受三峡水库下泄流量过程的改变和松滋口、太平口和藕池口的分流比减小以及城陵矶附近洞庭湖出流顶托状况改变的影响，预计经过进一步实施下荆江河势控制工程，总体河势仍将保持稳定，但局部河段的河势则将有不同程度的调整。较大的河势调整为：一是石首弯道受上游新厂长顺直放宽分流段河势变化影响而可能发生调整；二是北碾子湾弯道至调弦口河段的寡妇夹、金鱼沟、连心垸及调关弯道之间的过渡段过短，可能发生撤弯切滩；三是荆江门、七弓岭和观音洲弯道可能因其上游顺直过渡段河势变化而导致其凹岸主流顶冲位置的改变。

荆江河道上已实施了大量的护岸工程和护滩工程，起到了维持所保护的岸线和洲滩的稳定作用，这些被保护的区域基本都是影响河道平面变化的控制性节点。由此看来，荆江河道平面特征将不会有明显的变化，但是水下护岸、护滩工程前沿部分近岸河床将持续冲刷下切，不断积累岸坡稳定风险，若不能适时维护治理，部分工程段河道岸坡将会出现崩塌或滑挫现象，一些"整平"的老险工段将有可能再度出险。

6.2　冲刷下切对岸坡稳定性的影响

6.2.1　现状及局部冲深条件下岸坡稳定性分析

以 2013 年 10 月实测 1/2000 地形图（湖南省岸段）及 1/2000 横断面图和 2014 年 7 月实测 1/2000 地形图及 1/2000 横断面图（湖北省岸段）为基础，根据三峡后续规划 2012—2014 年度项目地质勘察资料，对新沙洲、洪水港、七弓岭（14＋480）、北尾、道仁矶、儒溪、杨家脑至罗家潭、南五洲、耀新民堤、新堤夹、叶王家洲、学堂洲、沙市城区、公安河弯、郝穴河弯、金鱼沟、韩家档、盐船套、观音洲、北门口、调关、七弓岭（15＋000）等岸段的岸坡稳定性分析。

河道岸坡的稳定，不仅取决于河岸土质、滩槽高差、边坡大小、地下水位等因素，而且与水流作用有关。参照《堤防工程设计规范》（GB 50286—2013）要求，1 级堤防正常运用条件下的抗滑稳定安全系数为 1.30；2 级堤防，正常运用条件下的抗滑稳定安全系数为 1.25。本次岸坡稳定计算不考虑地震影响。

1. 计算方法

采用中国水利水电科学研究院陈祖煜编制并经水规总院批准的"土石坝边坡稳定分析程序〈STAB〉"进行分析计算。

稳定渗流期抗滑稳定安全系数计算公式为

$$k = \frac{\sum\{C'b\sec\beta + [(W_1+W_2)\cos\beta - (u-Z\gamma_w)b\sec\beta]\tan\varphi'\}}{\sum(W_1+W_2)\sin\beta} \qquad (6.2-1)$$

水位降落期抗滑安全系数计算公式为

$$k = \frac{\sum[C_{cu}b\sec\beta + (W\cos\beta - u_ib\sec\beta)\tan\varphi_{cu}]}{\sum W\sin\beta} \qquad (6.2-2)$$

式中：b 为条块宽度，m；W 为条块重力，kN；W_1 为在堤坡外水位以上的条块重力，kN；W_2 为在堤坡外水位以下的条块重力，kN；Z 为堤坡外水位高出条块底面中点的距离，m；μ 为稳定渗流期堤身或堤基中的孔隙压力，kPa；B 为条块的重力线与通过此条块底面中点的半径之间的夹角，度；γ_w 为水的重度，kN/m³；C、φ 为土的抗剪强度指标，kN/m³、度。

2. 计算工况

（1）正常运用条件下，计算现状情况下外侧水位为设计枯水位时外侧岸坡的稳定。

（2）正常运用条件下，计算现状情况下外侧水位由滩面骤降 3.0m 时外侧岸坡的稳定。

（3）正常运用条件下，计算工程建成后外侧水位为设计枯水位时外侧岸坡的稳定。

（4）正常运用条件下，计算工程建成后外侧水位由滩面骤降 3.0m 时外侧岸坡的稳定。

（5）正常运用条件下，计算工程建成后外侧水位为设计枯水位，水下边坡冲刷为 1：2，河床冲刷达最大深度时外侧岸坡的稳定。

（6）正常运用条件下，计算工程建成后外侧水位由滩面骤降 3.0m，水下边坡冲刷为

1∶2，河床冲刷达最大深度时外侧岸坡的稳定。

3. 土层物理力学指标

计算参数参照《三峡后续工作长江中下游河势及岸坡影响处理湖南段一期河道整治工程工程地质勘察报告（初步设计阶段）》和《三峡后续工作长江中下游河势及岸坡影响处理2012—2014年度河道整治工程项目（荆州段）工程地质勘探报告》，见表6.2-1～表6.2-21。物理参数参考平均值取值；力学参数中抗剪强度指标参考小值平均值取值，因此，考虑了水位骤降的影响，偏于安全考虑，稳定渗流期的力学参数也采用了固结快剪指标。

表6.2-1　　　　　　新沙段5+360断面土体物理力学指标设计采用值表

土层	名称	天然容重 γ /(kN/m³)	饱和容重 γ_{Sat} /(kN/m³)	固 结 快 剪	
				黏聚力 c/kPa	内摩擦角 φ/(°)
1	粉质黏土	19.10	19.21	23.00	21.0
2	粉质壤土	19.21	19.39	21.00	23.0
3	砂壤土	19.84	20.29	10.0	26.0
4	粉细砂	20.30	20.84	3.0	30.0
5	粉质黏土	19.92	19.99	43.0	18.0

表6.2-2　　　　洪水港段1+080/4+340断面土体物理力学指标设计采用值表

土层	名称	天然容重 γ /(kN/m³)	饱和容重 γ_{Sat} /(kN/m³)	固 结 快 剪	
				黏聚力 c/kPa	内摩擦角 φ/(°)
1	粉质黏土	18.51	18.65	20.0	21.0
2	粉质壤土	18.76	19.18	18.0	23.0
3	粉细砂	19.82	20.08	3.0	30.0

表6.2-3　　　　　　　　枝城站径流统计表

土层	名称	天然容重 γ /(kN/m³)	饱和容重 γ_{Sat} /(kN/m³)	固 结 快 剪	
				黏聚力 c/kPa	内摩擦角 φ/(°)
1	粉质黏土	18.47	18.55	21.0	20.0
2	粉质壤土	19.46	19.53	21.0	24.0
3	砂壤土	20.10	20.34	8.2	28.0
4	粉细砂	19.42	19.68	5.1	29.3

表6.2-4　　　　　　　　沙市站径流统计表

土层	名称	天然容重 γ /(kN/m³)	饱和容重 γ_{Sat} /(kN/m³)	固 结 快 剪	
				黏聚力 c/kPa	内摩擦角 φ/(°)
1	人工填土	18.26	18.36	18.0	24.0
2	粉质壤土	18.26	18.36	18.0	24.0
3	粉质黏土	18.22	18.37	19.0	22.0
4	粉细砂	19.07	19.31	3.0	30.0

表 6.2 – 5　　　　　　　　　　**北尾段 072 断面土体物理力学指标设计采用值表**

土层	名称	天然容重 γ /(kN/m³)	饱和容重 γ_{Sat} /(kN/m³)	固 结 快 剪	
				黏聚力 c/kPa	内摩擦角 φ/(°)
1	粉质壤土	18.26	18.36	18.0	24.0
2	砂砾石	19.11	23.74	0.0	35.0

表 6.2 – 6　　　　　　　　　　**道人矶段 022 断面土体物理力学指标设计采用值表**

土层	名称	天然容重 γ /(kN/m³)	饱和容重 γ_{Sat} /(kN/m³)	固 结 快 剪	
				黏聚力 c/kPa	内摩擦角 φ/(°)
1	粉质黏土	19.96	20.09	41.0	22.0
2	中粗砂	20.85	21.22	0.0	33.0
3	粉质黏土	19.96	20.09	41.0	22.0
4	中粗砂	20.85	21.22	0.0	33.0
5	粉质黏土	19.96	20.09	41.0	22.0

表 6.2 – 7　　　　　　　　　　**道人矶段 037 断面土体物理力学指标设计采用值表**

土层	名称	天然容重 γ /(kN/m³)	饱和容重 γ_{Sat} /(kN/m³)	固 结 快 剪	
				黏聚力 c/kPa	内摩擦角 φ/(°)
1	粉质黏土	19.96	20.09	41.0	22.0
2	砂砾石	19.11	21.96	0.0	35.0
3	中粗砂	20.85	21.35	0.0	33.0

表 6.2 – 8　　　　　　　　　　**儒溪段 029 断面土体物理力学指标设计采用值表**

土层	名称	天然容重 γ /(kN/m³)	饱和容重 γ_{Sat} /(kN/m³)	固 结 快 剪	
				黏聚力 c/kPa	内摩擦角 φ/(°)
1	粉质壤土	18.63	18.73	22.0	23.0
2	砂壤土	18.53	18.57	19.0	26.0
3	粉细砂	19.07	19.31	9.0	31.0

表 6.2 – 9　　　　　　　　　　**儒溪段 042 断面土体物理力学指标设计采用值表**

土层	名称	天然容重 γ /(kN/m³)	饱和容重 γ_{Sat} /(kN/m³)	固 结 快 剪	
				黏聚力 c/kPa	内摩擦角 φ/(°)
1	粉质壤土	18.63	18.73	22.0	23.0
2	砂壤土	18.53	18.57	19.0	26.0

表 6.2-10 　　　　　　　 杨家脑至罗家潭段土体物理力学指标设计采用值表

土层	名称	天然容重 γ /(kN/m³)	饱和容重 γ_{Sat} /(kN/m³)	黏聚力 c /kPa	内摩擦角 φ /(°)
1	砂壤土	19.98	20.02	18.0	26.0
2	粉质壤土	18.93	18.99	19.5	22.8
3	粉质黏土	18.34	18.39	18.6	18.3
4	粉细砂	20.49	20.66	8.0	30.0

表 6.2-11 　　　　　　　　　 南五洲段土体物理力学指标设计采用值表

土层	名称	天然容重 γ /(kN/m³)	饱和容重 γ_{Sat} /(kN/m³)	黏聚力 c /kPa	内摩擦角 φ /(°)
1	砂壤土	17.74	18.81	14.0	27.0
2	粉质壤土	18.36	18.37	17.5	19.5
3	粉质黏土	18.23	18.30	20.2	16.0
4	粉细砂	19.79	20.39	4.0	31.0

表 6.2-12 　　　　　　　　　 耀新民堤土体物理力学指标设计采用值表

土层	名称	天然容重 γ /(kN/m³)	饱和容重 γ_{Sat} /(kN/m³)	黏聚力 c /kPa	内摩擦角 φ /(°)
1	粉质壤土	18.40	18.67	18.1	25.4
2	粉质黏土	18.15	18.24	18.2	20.3
3	粉细砂	19.61	19.99	8.0	31.0

表 6.2-13 　　　　　　　　　 新堤夹段土体物理力学指标设计采用值表

土层	名称	天然容重 γ /(kN/m³)	饱和容重 γ_{Sat} /(kN/m³)	黏聚力 c /kPa	内摩擦角 φ /(°)
1	人工填土	18.56	19.26	7.0	30.0
2	粉细砂	18.56	19.26	7.0	30.0
3	粉质壤土	19.32	19.47	10.0	22.0
4	粉质黏土	18.81	18.85	18.0	17.0

表 6.2-14 　　　　　　　　　 叶王家洲段土体物理力学指标设计采用值表

土层	名称	天然容重 γ /(kN/m³)	饱和容重 γ_{Sat} /(kN/m³)	黏聚力 c /kPa	内摩擦角 φ /(°)
1	粉细砂	18.53	19.67	5.0	31.0

表 6.2-15 　　　　　　　　　 学堂洲段土体物理力学指标设计采用值表

土层	名称	天然容重 γ /(kN/m³)	饱和容重 γ_{Sat} /(kN/m³)	黏聚力 c /kPa	内摩擦角 φ /(°)
1	粉质壤土	18.60	18.75	18.0	24.2
2	砂砾卵石	18.00	21.00	0.0	40.0

表 6.2 - 16　　　　　　　　沙市城区段土体物理力学指标设计采用值表

土层	名称	天然容重 γ /(kN/m³)	饱和容重 γ_{Sat} /(kN/m³)	黏聚力 c /kPa	内摩擦角 φ /(°)
1	人工填土	18.38	19.13	9.0	26.9
2	粉质壤土	18.60	18.75	18.0	24.2
3	粉细砂	18.38	19.13	9.0	26.9
4	粉质黏土	18.39	18.59	19.2	18.0
5	砂砾卵石	18.00	21.00	0.0	40.0

表 6.2 - 17　　　　　　　　公安河弯段土体物理力学指标设计采用值表

土层	名称	天然容重 γ /(kN/m³)	饱和容重 γ_{Sat} /(kN/m³)	黏聚力 c /kPa	内摩擦角 φ /(°)
1	人工填土	19.38	19.73	8.0	31.0
2	粉质黏土	18.93	18.98	19.2	16.5
3	砂壤土	19.13	19.76	9.0	29.0
4	粉质壤土	18.88	18.98	19.2	24.6
5	粉细砂	19.38	19.73	8.0	31.0

表 6.2 - 18　　　　　　　　郝穴河弯段土体物理力学指标设计采用值表

土层	名称	天然容重 γ /(kN/m³)	饱和容重 γ_{Sat} /(kN/m³)	黏聚力 c /kPa	内摩擦角 φ /(°)
1	人工填土	18.81	19.12	9.0	28.0
2	粉质黏土	18.29	18.32	18.7	16.1
3	砂壤土	19.17	19.49	9.0	25.0
4	粉质壤土	19.09	19.18	18.3	22.1
5	粉细砂	18.81	19.12	9.0	28.0
6	砂砾卵石	18.00	21.00	0.0	40.0

表 6.2 - 19　　　金鱼沟段 21＋660 断面土体物理力学指标设计采用值表

土层	名称	天然容重 γ /(kN/m³)	饱和容重 γ_{Sat} /(kN/m³)	固 结 快 剪	
				黏聚力 c/kPa	内摩擦角 φ/(°)
1	粉质黏土	18.36	18.42	19	18
2	粉质壤土	18.79	18.97	13	21
3	粉细砂	18.11	18.84	5	30

表 6.2－20　　　　韩家档段 34＋960/盐船套段 26＋900 断面土体物理
力学指标设计采用值表

土层	名称	天然容重 γ /(kN/m³)	饱和容重 γ_{Sat} /(kN/m³)	固 结 快 剪	
				黏聚力 c/kPa	内摩擦角 φ/(°)
1	粉质黏土	19.23	19.29	19.23	19.29
2	粉质壤土	18.66	18.73	18.66	18.73
3	淤泥质粉质黏土	18.17	18.16	18.17	18.16

表 6.2－21　　　　　北门口段 11＋800 断面土体物理力学指标设计采用值表

土层	名称	天然容重 γ /(kN/m³)	饱和容重 γ_{Sat} /(kN/m³)	固 结 快 剪	
				黏聚力 c/kPa	内摩擦角 φ/(°)
1	粉质黏土	17.95	17.48	15	23
2	粉质壤土	18.95	19.21	18	22
3	粉细砂	19.47	19.96	5	31

4. 计算成果

护岸工程抗滑稳定计算成果见表 6.2－22。偏于安全考虑，稳定渗流期的力学参数也采用了固结快剪指标。计算结果表明，护岸工程实施后，岸坡的抗滑稳定系数在各工况下均有一定程度的提高，且均满足规范所要求的稳定安全系数。考虑三峡蓄水运用后河床预测冲深条件下，岸坡的抗滑稳定系数也满足规范所要求的稳定安全系数。

表 6.2－22　　　　　　　　　抗滑稳定计算成果表

工 程 段	工 况	计算抗滑稳定系数		
		现状情况	工程建成后	工程建成后且考虑冲刷
新沙洲 5＋360 断面	稳定渗流期	2.069	2.131	2.073
	水位骤降	2.059	2.066	1.251
洪水港 1＋080 断面	稳定渗流期	1.945	2.119	1.951
	水位骤降	1.683	1.944	1.674
洪水港 4＋340 断面	稳定渗流期	2.405	2.44	2.435
	水位骤降	2.08	2.085	2.015
七弓岭 14＋240 断面	稳定渗流期	3.414	3.58	3.348
	水位骤降	3.207	3.234	2.426
北尾段 038 断面	稳定渗流期	2.58	2.75	1.86
	水位骤降	2.86	3.03	2.21
北尾段 072 断面	稳定渗流期	3.29	3.54	2.02
	水位骤降	2.85	3.10	2.04

续表

工　程　段	工　　况	计算抗滑稳定系数		
		现状情况	工程建成后	工程建成后且考虑冲刷
道人矶 022 断面	稳定渗流期	1.35	1.37	1.36
	水位骤降	1.27	1.32	1.25
道人矶 037 断面	稳定渗流期	3.57	3.75	2.48
	水位骤降	3.51	3.85	2.86
儒溪段 029 断面	稳定渗流期	2.76	2.87	2.21
	水位骤降	2.97	3.03	2.58
儒溪段 042 断面	稳定渗流期	2.04	2.11	1.74
	水位骤降	2.15	2.22	2.00
杨家脑至罗家潭	稳定渗流期	1.33	1.43	1.42
	水位骤降期	1.22	1.33	1.31
南五洲	稳定渗流期	1.28	1.34	1.3
	水位骤降期	1.13	1.32	1.28
耀新民堤	稳定渗流期	1.55	1.65	1.27
	水位骤降期	1.49	1.55	1.25
新堤夹	稳定渗流期	1.55	1.69	1.38
	水位骤降期	1.42	1.54	1.27
叶王家洲	稳定渗流期	1.69	1.83	1.41
	水位骤降期	1.64	1.76	1.34
学堂洲	稳定渗流期	1.54	1.67	1.38
	水位骤降期	1.41	1.57	1.29
沙市城区	稳定渗流期	1.72	1.75	1.63
	水位骤降期	1.6	1.65	1.5
公安河弯	稳定渗流期	1.87	1.9	1.67
	水位骤降期	1.79	1.81	1.57
郝穴河弯	稳定渗流期	1.42	1.47	1.42
	水位骤降期	1.32	1.35	1.34
金鱼沟 21＋660 断面	稳定渗流期	1.816	2.113	2.07
	水位骤降	1.43	1.632	1.59
韩家档段 34＋960	稳定渗流期	1.471	1.956	1.794
	水位骤降	1.199	1.561	1.445
盐船套段 26＋900	稳定渗流期	1.466	1.779	1.643
	水位骤降	0.756	1.385	1.337
北门口段 11＋800	稳定渗流期	1.685	1.861	1.765
	水位骤降	1.18	1.433	1.421

6.2.2　二维数学模型冲深下岸坡稳定性分析

根据二维数学模型的计算成果，针对北碾子湾、金鱼沟、调关、连心垸、观音洲和七弓岭段现状地形、2022 年末和 2032 年末的地形，在现状设计枯水位和考虑枯水位降低两种情况下分别进行了岸坡稳定计算。金鱼沟土体物理力学指标采用值见表 6.2-19，北碾子湾、调关、连心垸、观音洲和七弓岭等 5 段岸坡土体物理力学指标采用值见表 6.2-23～表 6.2-26。岸坡稳定计算成果见表 6.2-27。

表 6.2-23　北碾子湾段 4+200 断面土体物理力学指标设计采用值表

土层	名称	天然容重 γ /(kN/m³)	饱和容重 γ_Sat /(kN/m³)	固　结　快　剪	
				黏聚力 c/kPa	内摩擦角 φ/(°)
1	粉质黏土	17.91	18.25	23	22
2	壤土	19.89	20.12	17	28
3	粉质壤土	18.59	18.72	17	22
4	粉细砂	19.51	19.78	7	31

表 6.2-24　观音洲段 563+400 断面土体物理力学指标设计采用值表

土层	名称	天然容重 γ /(kN/m³)	饱和容重 γ_Sat /(kN/m³)	固　结　快　剪	
				黏聚力 c/kPa	内摩擦角 φ/(°)
1	粉质黏土	18.39	18.51	16	18
2	粉质壤土	18.20	18.42	18	25
3	砂壤土	18.62	18.91	17	24
4	粉细砂	20.14	20.21	7	31

表 6.2-25　连心垸段 1+400/调关段 524+500 断面土体物理力学指标设计采用值表

土层	名称	天然容重 γ /(kN/m³)	饱和容重 γ_Sat /(kN/m³)	固　结　快　剪	
				黏聚力 c/kPa	内摩擦角 φ/(°)
1	粉质黏土	18.53	18.59	18	16
2	粉质壤土	18.67	18.78	16	20
3	粉细砂	20.27	20.39	18	31

表 6.2-26　七弓岭段 14+900 断面土体物理力学指标设计采用值表

土层	名称	天然容重 γ /(kN/m³)	饱和容重 γ_Sat /(kN/m³)	固　结　快　剪	
				黏聚力 c/kPa	内摩擦角 φ/(°)
1	粉质黏土	18.40	18.44		19
2	粉质壤土	19.36	19.63	16	26
3	壤土	20.71	20.70	16	30
4	粉细砂	18.62	18.95	5	28

表 6.2-27　　　　　　　2022 年及 2032 年末岸坡抗滑稳定计算成果表
（不考虑设计枯水位的变化）

工 程 段	工况	计算抗滑稳定系数					
		现状地形		水库蓄水 10 年地形		水库蓄水 20 年地形	
		工程前	工程后	工程前	工程后	工程前	工程后
北碛子湾 4+080	稳定渗流期	2.104	2.168	1.661	1.807	1.395	1.597
	水位骤降期	1.950	2.018	1.460	1.610	1.235	1.433
金鱼沟 21+620	稳定渗流期	1.993	2.044	1.843	1.871	1.703	1.793
	水位骤降期	1.841	1.875	1.700	1.723	1.586	1.667
调关 524+500	稳定渗流期	1.581	1.660	1.210	1.410	1.035	1.347
	水位骤降期	1.464	1.546	1.122	1.269	0.955	1.270
连心垸 1+560	稳定渗流期	1.996	2.070	2.316	2.369	2.361	2.404
	水位骤降期	1.920	1.947	2.213	2.244	2.238	2.287
观音洲	稳定渗流期	1.405	1.579	2.884	2.916	2.899	2.934
	水位骤降期	1.283	1.430	2.604	2.665	2.655	2.685
七弓岭	稳定渗流期	2.816	2.975	3.377	3.379	3.329	3.332
	水位骤降期	2.634	2.786	3.196	3.197	3.138	3.168

从表 6.2-27 可以看出，北碛子湾 4+080 附近、金鱼沟 21+620 附近、调关 524+500 附近等三处岸段随着水库蓄水运用时间的延长，近岸河床逐渐冲深后退，岸坡稳定系数表现为减小的变化；连心垸、观音洲和七弓岭则随着蓄水运用时间的延长，近岸河床有所淤积，岸坡稳定系数表现为增大的变化。因此，一定要重视岸坡冲深和后退的岸段，必要时要及时予以守护。上述岸段在采取工程措施守护后，其岸坡稳定系数均有所提高。

6.2.3　设计枯水位对岸坡稳定性的影响

针对荆江河段各站在三峡蓄水运用后设计枯水位下降的实际情况，对设计枯水位降低对岸坡稳定的影响也进行了分析研究。

1. 设计枯水位实况分析

根据荆江河段枝城、马家店、陈家湾、沙市、新厂、石首、调弦口、监利、盐船套和莲花塘 2003—2013 年实测资料分析，三峡水库实施蓄丰补枯后，枝城以下至沙市河段最枯三个月建库后比建库前流量增大 20.0%～28.6%，但水位反而下降 0.04～0.60m，经分析，这是多方面因素共同作用的结果，其中主要的原因是由于受三峡水库清水下泄的影响，坝下河段发生冲刷，河床冲刷幅度大于三峡补水导致的水位增幅，导致水位下降。郝穴至石首河段水位下降 0.16～0.58m，说明该河段与枝城至沙市河段类似，河床冲刷幅度大于三峡补水导致的水位增幅，导致水位下降；调弦口至莲花塘河段水位上升 0.04～0.18m，说明该河段枯季由于受到三峡水库补水导致的水位增幅大于河床冲刷幅度。

2. 设计枯水位预测

三峡水利枢纽建成后，工程河段枯季低水位受多方面共同影响。一方面，三峡水库调节能力巨大，水库蓄丰补枯后，在枯水期，将加大中下游枯水期内的径流，一定程度上抬升了中下游水位。根据 2009 年国务院批准的《三峡水库优化调度方案》，经长系列径流调节计算，三峡工程运行后宜昌站、沙市站 1—3 月多年平均水位将增加 0.88～1.37m，监利站 1—3 月平均水位将增加 0.58～0.96m。另一方面，三峡工程兴建后，下游河道将发生长距离的冲刷。根据《三峡工程泥沙问题研究》中有关模型实验和数值模拟结果，三峡水库运用初期 10 年，近坝段冲刷发展很快，宜昌至沙市各站水位受影响较大。随着水库运用时间的延长，冲刷发展下移，下荆江河段发生强烈冲刷，水库运用 30～40 年，该段冲刷基本完成，河床冲深，使得藕池口、石首水位下降较大，成为宜昌至大通全段水位下降最多的河段，同时下荆江的冲刷及水位下降，又导致上游段宜昌、沙市站的水位继续下降，但影响较小。当流量为 5500m³/s 时，水库运用 30～40 年，宜昌水位较 1993 年降低约 0.95m，沙市水位较 1993 年下降约 2.0m，石首最大下降约 3.3m；当水库运用 50 年，城陵矶至武汉河段河床平均冲深 2.49m，螺山站枯水位下降 1.87m。综上所述，三峡水库运行后，工程河段枯季低水位的变化是多方面因素共同影响的结果，从目前的研究成果来看，考虑到三峡建库后，受工程河段枯季流量增加和河床冲刷的综合作用，枯季水位的变化具有不确定性，工程河段的枯季水位变化值还需要进一步深入研究与观测。

3. 设计枯水位下降对岸坡稳定的影响

假定上述工程段设计枯水位降低 1m，对各工程段工程前后的岸坡稳定系数也进行了计算，详见表 6.2－28。从表 6.2－27 和表 6.2－28 对比可以看出，随着枯水位的下降，各工程段岸坡稳定系数都有所下降，可见，枯水位的变化使岸坡稳定下降，对岸坡稳定带来不利影响。

表 6.2－28　2022 年及 2032 年末岸坡抗滑稳定计算成果表（设计枯水位降 1m）

工　程　段	工况	计算抗滑稳定系数					
		现状地形		水库蓄水 10 年地形		水库蓄水 20 年地形	
		工程前	工程后	工程前	工程后	工程前	工程后
北碾子湾 4＋080	稳定渗流期	2.074	2.144	1.633	1.800	1.371	1.601
	水位骤降期	1.914	1.993	1.435	1.596	1.213	1.440
金鱼沟 21＋620	稳定渗流期	1.969	2.054	1.821	1.848	1.671	1.711
	水位骤降期	1.733	1.836	1.653	1.616	1.548	1.541
调关 524＋500	稳定渗流期	1.547	1.624	1.180	1.299	1.006	1.313
	水位骤降期	1.429	1.513	1.094	1.189	0.931	1.230
连心垸 1＋560	稳定渗流期	1.945	2.023	2.259	2.339	2.303	2.326
	水位骤降期	1.849	1.886	2.075	2.227	2.190	2.168
观音洲	稳定渗流期	1.392	1.573	2.682	2.723	2.700	2.732
	水位骤降期	1.265	1.429	2.430	2.472	2.386	2.482
七弓岭	稳定渗流期	2.752	2.917	3.259	3.263	3.208	3.218
	水位骤降期	2.576	2.735	3.071	3.073	3.011	3.027

6.3　冲刷下切对灌溉和供水的影响

6.3.1　灌溉和供水工程基本情况

6.3.1.1　灌溉闸（站）基本情况

据统计，宜昌至城陵矶段直接从长江干流取水的水源工程有 135 座农业灌溉闸站，其中湖北省 127 座，湖南省 8 座。总设计流量达 632.0m³/s，控制灌溉面积 405.51 万亩。

宜昌至城陵矶段湖南省直接从长江干流取水的堤垸包括岳阳市民生大垸、建设垸和君山垸，灌溉闸站共 8 座，其中引水闸 6 座，提灌泵站 2 座，灌溉面积 9.7 万亩。

工程分类主要有：

（1）闸站配套运行的 22 座（红旗闸站、双红闸站、杨家脑闸站、春风闸站、丢家垸闸站、蛟子渊闸站、肖家拐闸站、新堤闸站、古长堤闸站、半头岭闸站、长江闸站、复兴闸站、连心垸闸站、黄水套站、二圣寺站、沿江闸站、神保堤闸站、观音寺闸站、颜家台闸站、西门渊闸站、王家湾闸站、北王家闸站），涵闸设计流量 244.7m³/s，泵站设计流量 89.8m³/s，控制灌溉面积 221.73 万亩。

（2）提灌泵站 34 座，设计流量 125.4m³/s，控制灌溉面积 44.86 万亩。其中，灌溉提水泵站 25 座，设计流量 18.82m³/s，灌溉面积 17.9 万亩；灌排两用泵站 9 座，设计流量 106.6m³/s，灌溉面积 26.96 万亩。

（3）引水灌溉涵闸 49 座，设计流量 403.1m³/s，灌溉面积 138.92 万亩。其中，灌排两用涵闸 7 座，设计流量 112.2m³/s，灌溉面积 16.21 万亩；灌溉引水涵闸 42 座，设计流量 290.9m³/s，灌溉面积 122.71 万亩，包括从干流引水但不直接灌田的涵闸 4 座，分别为监利天鹅洲闸、调弦口闸、冯家潭闸和孙良洲闸。

上述闸站涉及大型灌区 5 处，包括观音寺、颜家台、何王庙、一弓堤、西门渊；中型灌区 14 处，包括上百里洲、下百里洲、东风闸、天鹅、管家铺、周家土地、杨家脑、二圣寺、弥市、王家湾、北王家、白螺、三洲、大垸；其他为沿江的小型灌区。

6.3.1.2　供水工程基本情况

据统计，直接从荆江河段取水的供水工程主要分布在岳阳市的柳林洲、西城办事处、广兴洲以及华容县的东山镇等。其中，柳林洲下辖 14 个村，西城办事处下辖 9 个村，广兴洲下辖 14 个村，东山镇下辖 21 个村。

6.3.2　荆江河段冲刷下切对供水和灌溉影响

荆江河段冲刷下切对供水和灌溉的影响主要表现为河道冲刷下切、水位下降及其引起的三口分流比减小，导致荆江干流以及三口分流洪道沿江区域取水能力下降、水量不足、水质恶化，而水位变化还受三峡水库调蓄流量过程年内分配调整的影响。首先分析三峡水库调蓄引起的水位变化，再结合预测的未来水位流量关系变化分析荆江河段冲刷下切对供水和灌溉的影响。

6.3.2.1 三峡水库调蓄引起的水位变化

因水库调蓄和流量过程变化将导致荆江河段不同频率下的流量的变化。表 6.3-1 和表 6.3-2 分别为三峡水库调蓄前、调蓄后各站不同频率流量。从中可以看出，三峡水库调蓄后各站枯水流量均有所增加，最枯流量（$P=100\%$）增加 1350～1650m^3/s，保证率 90% 对应的流量约增加 1200～1600m^3/s，保证率 80% 对应的流量增加 800～1100m^3/s，保证率 70% 对应的流量增加 100～400m^3/s，可见水库调蓄增加枯期流量效果明显。

表 6.3-1　　　　　三峡水库调蓄前各站点各频率的流量　　　　　单位：m^3/s

站点	$P=60\%$	$P=70\%$	$P=80\%$	$P=90\%$	$P=100\%$
宜昌	7090	5607	4640	4038	2700
枝城	7356	5885	4836	4194	2850
沙市	7249	5862	4917	4278	3150
监利	7440	5966	5014	4365	2850
螺山	14529	11515	8987	6967	4050

表 6.3-2　　　　　三峡水库调蓄后各频率流量　　　　　单位：m^3/s

站点	$P=60\%$	$P=70\%$	$P=80\%$	$P=90\%$	$P=100\%$
宜昌	6127	5878	5720	5629	4200
枝城	6512	6100	5921	5772	4350
沙市	6579	6206	5979	5756	4500
监利	6825	6333	6021	5726	4500
螺山	13863	11610	9807	8182	5700

根据表 6.3-1 和表 6.3-2，再结合各站水位流量关系，可得三峡水库调蓄前、后水位，进而可得因水库调蓄而引起的水位变化，如表 6.3-3 所示。从表 6.3-3 中可以看出，三峡水库调蓄后保证率 100% 的水位增加 0.54～0.65m，保证率 90% 对应的水位增加 0.45～0.72m，保证率 80% 对应的水位增加 0.26～0.38m，保证率 70% 的水位增加 0.04～0.14m。

表 6.3-3　　　　　水库调蓄引起的不同频率水位变化　　　　　单位：m

站点	$P=60\%$	$P=70\%$	$P=80\%$	$P=90\%$	$P=100\%$
宜昌	−0.33	0.14	0.38	0.72	0.65
枝城	−0.28	0.12	0.33	0.57	0.60
沙市	−0.25	0.12	0.30	0.57	0.55
监利	−0.21	0.08	0.28	0.49	0.54
螺山	−0.19	0.04	0.26	0.45	0.54

对比分析可知，枝城流量为 6000m^3/s 左右时，实测 2002—2012 年水位降幅约 0.38m，而保证率 70% 流量由三峡水库调蓄前的 5885m^3/s 增加至 6100m^3/s，水位相应增加 0.12m；沙市流量为 6000m^3/s 左右时，实测 2002—2012 年水位降幅约 1.43m，保证率 80% 水位增加 0.30m；螺山流量为 8000m^3/s，2002—2012 实测水位降低 0.73m，保证率 90% 水位抬高 0.45m。可见三峡水库蓄水以来，荆江河段冲刷下切、同流量水位降低

对沿江灌溉和供水的不利影响，相当一部分因水库调蓄、同频率流量增加、水位抬高而得到补偿，随着水库的继续运行，同流量水位还将进一步下降，荆江河段冲刷下切对灌溉和供水的不利影响将进一步显现。

6.3.2.2　荆江河段冲刷下切对干流河段灌溉和供水的影响

荆江河段冲刷下切对干流河道灌溉和供水的不利影响主要表现为三峡水库调蓄、枯水流量增加、水位抬高幅度不足以弥补因河道冲刷下切引起的水位下降幅度，引起灌溉和供水能力下降。选择杨家脑闸、观音寺闸和二圣寺闸三个闸站进行分析，不同时期各闸站中枯流量水位下降值见表 6.3－4。

表 6.3－4　　　　　　　不同时期主要闸站中枯流量水位下降值表　　　　　　单位：m

流量 /(m³/s)	2022 年末			2052 年末		
	杨家脑闸	观音寺闸	二圣寺闸	杨家脑闸	观音寺闸	二圣寺闸
5500	1.47	2.16	2.33	2.08	2.88	3.01
8000	1.44	1.98	2.02	1.93	2.64	2.74
10000	1.32	1.76	1.81	1.71	2.37	2.44
15000	1.06	1.42	1.52	1.45	2.05	2.12

杨家脑闸位于上荆江上段大布街镇附近，距宜昌站约 114km。由于所属河段河床为沙夹卵石与中细沙过渡段，水库运用 20 年，中枯水位下降不多，水库运用中期受下游河床冲刷及水位下降的影响，水位继续下降。至 2022 年末，流量为 5500m³/s、10000m³/s 时，该闸站计算水位分别比冲刷前水位降低 1.47m、1.32m；至 2052 年末，流量为 5500m³/s、10000m³/s 时，该闸站计算水位分别比冲刷前水位降低 2.08m、1.71m。

观音寺闸、二圣寺闸位于上荆江下段，观音寺闸距沙市站约 18km，二圣寺闸距沙市站约 33km。两闸站所属河段河床为细沙，且沙层较厚，三峡水库运用 20 年，河床冲刷较大，平均冲深 2.9m，中枯水位下降较多。至 2022 年末，流量为 5500m³/s 时，观音寺、二圣寺闸站计算水位比冲刷前分别降低 2.16m、2.33m；当流量为 10000m³/s 时，观音寺、二圣寺闸站计算水位比冲刷前分别降低 1.76m、1.81m。2052 年末，流量为 5500m³/s 时，观音寺、二圣寺闸站计算水位比冲刷前分别降低 2.88m、3.01m；当流量为 10000m³/s 时，观音寺、二圣寺闸站计算水位比冲刷前分别降低 2.37m、2.44m。

根据《灌溉排水渠系设计规范》（SDJ 217—84），以旱作物为主的灌溉设计保证率为 70%～80%，以水稻为主的保证率为 75%～95%。对比表 6.3－1 和表 6.3－2 可以看出，因三峡水库调蓄作用，枝城、沙市站保证率 80% 的流量增加，相应水位抬高约 0.33～0.30m，杨家脑保证率 80% 的水位抬升幅度大致与此相当。从表 6.3－4 可知，流量为 5500m³/s 时，20 年后、50 年后杨家脑水位下降 1.47m、2.08m，因此即便考虑三峡水库调蓄作用引起的水位抬高 0.33～0.30m，但受河床冲刷下切、同流量水位下降，杨家脑保证率 80% 的水位仍将下降 1.2m（三峡水库蓄水 20 年后）、1.8m（三峡水库蓄水 50 年后）左右。

同样，因三峡水库调蓄作用，沙市、监利站保证率 80% 的流量增加，相应水位抬高约 0.28～0.30m，观音寺闸、二圣寺闸保证率 80% 的水位抬升幅度大致与此相当。流量为 5500m³/s 时，三峡水库蓄水 20 年后、50 年后观音寺闸水位下降 2.16m、2.88m，二圣寺闸水位下降 2.88m、3.01m。即便考虑三峡水库调蓄作用引起的水位抬高 0.28～0.30m，三峡水库蓄水 20 年、50 年后观音寺闸 80% 保证率水位仍将下降 1.8m、2.0m，二圣寺闸 80% 保证率水位仍将下降 2.6m、2.7m。

综合上述分析可以看出，尽管受三峡水库调蓄作用影响，枯水流量增加，荆江河段 80% 保证率水位抬高约 0.3～0.4m，但由于冲刷下切、同流量水位降低，三峡水库运行 20 年后枯水位降幅一般在 1.5m 以上，50 年后枯水位降幅一般在 2.0m 以上，三峡水库调蓄引起的枯期流量增加、枯水位增加不足以弥补河道冲刷下切引起的水位降幅。

上述变化对灌溉和供水工程不利影响主要表现为：

（1）同一保证率水位降低，对于完全靠闸站自流引水的灌溉和供水工程，涵闸引水概率及饮水量降低，导致生活、农业用水保证率降低，必须新增配套提灌（水）泵站。

（2）相同保证率水位降低，泵站必须在更低水位条件下运行，扬程增加，机组必须进行更新改造才能适应水位变化后运行工况要求。

（3）泵站提水时间延长，运行成本增加。随着三峡水库继续运行，荆江河段进一步冲刷下切，这种不利影响将越来越明显。

总之，三峡水库蓄水后，受水库调蓄影响，枯期流量增加、水位抬高，对灌溉和供水有利，但是荆江河段冲刷下切、水位下降及其引起的三口分流比减小，对灌溉和供水不利。分析表明，三峡水库调蓄引起的枯期流量增加、枯水位增加不足以弥补河道冲刷下切引起的水位降幅，随着水库的继续运行，同流量水位还将进一步下降，荆江河段冲刷下切对灌溉和供水的不利影响将进一步显现。这些不利影响主要表现为：引水概率及饮水量降低，生活和农业用水保证率降低，泵站扬程、提水时间及费用增加。

为减轻荆江河段冲刷下切对灌溉和供水的不利影响，初步分析认为应采取工程措施和非工程措施。工程措施包括更新改造灌溉和供水工程、采取水源补偿或调水工程、荆南三口口门疏挖工程；非工程措施包括加强水文与地形观测分析、上游水库群优化调度研究以及遏制荆江下切措施研究。

根据"湖北省三峡后续工作规划长江中下游城镇供水及农业灌溉影响处理一期实施规划（2011—2014）"，湖北省纳入三峡水库蓄水影响地区城镇供水和农业灌溉影响处理一期实施规划采取工程措施的项目有 26 项，分属枝江市、松滋市、荆州区、公安县、江陵县、石首市和监利县等七县区。

枝江市涉及土改闸、红星闸、福兴闸、苦草坝、长合站、吴家港、广慈垸等七座泵站的更新改造；其中苦草坝、长合站、吴家港和广慈垸等四座因原设计扬程已达极限，更新改造迫在眉睫。

松滋市涉及杨家脑闸及其泵站和保丰闸电灌站两项目。荆州区涉及天鹅泵站、沿江泵站、竹林子泵站和南街闸泵站等四项目，其中天鹅泵站、沿江泵站、竹林子泵站原设计最高扬程 8m，南街闸泵站原设计最高扬程 7.7m，天鹅泵站和沿江泵站分别按最高扬程 13.43m 和 13.93m 重建，竹林子泵站和南街闸泵站分别按最高扬程 11.43m 和 10.93m 在原址进行更新改造。

公安县涉及荆南码头泵站、双石碑站、红胜站、农丰站和黄水套站等五个项目。江陵县涉及观音寺泵站和颜家台泵站两项目的更新改造，其中颜家台闸需增加两台机组。石首市涉及古丈堤泵站、春风泵站和长江泵站等三项目，其中春风泵站为拆除重建，其余两泵站为更新改造。监利县涉及西门渊泵站和孙良洲闸两项目的更新改造。

另外，为减轻三峡工程蓄水运用给荆江两岸及荆南三河地区农业生产和人民群众的生活带来的影响，还进行百里洲水厂、松滋城区水厂、松滋陈店水厂、荆州区弥市水厂、公安县麻豪口水厂、公安县斑竹当镇水厂和石首城区水厂（二）等 7 个水厂的新建，解决了 93.63 万人的民生供水。

参 考 文 献

[1] 张柏英，李一兵. 枢纽下游河床极限冲刷及水位降落研究进展 [J]. 水道港口，2009，30（2）：101-107.

[2] 尹学良. 清水冲刷河床粗化研究 [J]. 水利学报，1963（1）：15-25.

[3] 钱宁. 黄河下游河床的粗化问题 [J]. 泥沙研究，1959（1）：1-9.

[4] 谢鉴衡. 河床冲刷粗化计算 [J]. 武汉水利电力学院学报，1959（2）：1-16.

[5] 谢鉴衡. 河流泥沙工程学（下册）[M]. 北京：水利出版社，1981.

[6] Shen H W. Sediment Sorting Processes in Certain Aggrading Streams [C]//河流泥沙国际学术讨论会论文集. 北京：光华出版社，1980.

[7] Shen H W，LU J Y. Development and Prediction of Bed Amouring [J]. J. Hyd. Eng. ASCE.，1983（4）109-120.

[8] Lee H Y，OdgaardA J. Simulation of Bed Amouring in Alluvial Channels [J]. J. Hyd. Eng.，1986（9）：112-118.

[9] 韩其为. 床沙粗化 [C]//第二次河流泥沙国际学术讨论会论文集. 北京：水利电力出版社，1983.

[10] 秦荣昱. 论河床冲刷和粗化 [J]. 武汉水利电力学院学报，1981（3）：17-26.

[11] 秦荣昱，胡春宏. 沙质河床清水冲刷粗化的研究 [J]. 水利水电技术，1997（6）：8-13.

[12] 秦荣昱，王崇浩. 河流推移质运动理论及应用 [M]. 北京：中国铁道出版社，1996.

[13] 冷魁，王明甫. 河床冲刷粗化的随机模拟 [J]. 水科学进展，1994（2）：111-118.

[14] 何文社，曹叔尤，张红武，等. 清水冲刷河床稳定粗化层级配计算 [J]. 水力发电学报，2003（2）：39-45.

[15] 胡海明，李义天. 河床冲刷粗化计算 [J]. 泥沙研究，1996（4）：69-76.

[16] 陆永军. 河床粗化研究的回顾及展望 [J]. 水道港口，1990（3）：29-39.

[17] 钱宁，张仁，周志德. 河床演变学 [M]. 北京：科学出版社，1989：457-479.

[18] 钱宁. 修建水库后下游河道重新建立平衡的过程 [C]//钱宁文集. 北京：清华大学出版社，1990：380-399，33-60.

[19] 韩其为，李梦楚. 从丹江口水库下游冲刷看三峡水库下游河床演变趋势 [C]//水利部科技教育司. 长江三峡工程泥沙研究文集. 北京：中国科学技术出版社，1990：370-385.

[20] 乐培九，程小兵. 枢纽下游河床冲刷与水位降落问题概述 [R]. 天津：交通部天津水运工程科学研究所，2006.

[21] 张柏英. 沙质河床清水冲刷研究 [D]. 长沙：长沙理工大学，2009.

[22] 潘庆燊，胡向阳，金琨. 丹江口水利枢纽下游河道整治 [J]. 水利水电快报，1998，21（8）：11-15.

[23] 拾兵，曹叔尤，刘兴年. 非均匀沙隐暴作用的研究现状及其起动矢量式 [J]. 青岛海洋大学学报，2000（4）：723-728.

[24] 冷魁. 坝下游河床冲刷粗化的一个计算方法 [J]. 水电能源科学，1994（2）：119-125.

[25] 刘兴年，曹叔尤，黄尔，等. 粗细化过程中的非均匀沙起动流速 [J]. 泥沙研究，2000（4）：10-13.

[26] 乐培九，程小兵，朱玉德，等. 清水冲刷推移质输沙率变化规律 [J]. 水道港口，2006，27（6）：361-367.

［27］ 孙志林，孙志锋. 粗化过程中推移质输沙率［J］. 浙江大学学报（理学版），2000（4）：449-453.

［28］ 杨美卿，陈亦平. 卵石夹沙河床长期清水冲刷的数学模型［J］. 泥沙研究，1988（1）：45-54.

［29］ Gessler J. Self Stabilizing Tendencies of Sediment Mixture with large Range of Grain Sizes［J］. Journal of Waterways and Harbors Division，Proc.，ASCE.，Vol.，96，NO：WW2，1970：235-249.

［30］ 刘兴年. 非均匀推移质输沙率及粗化稳定结构［D］. 成都：成都科技大学，1986.

［31］ 乐培九，程小兵，朱玉德. 枢纽下游冲刷深度估算方法［J］. 水道港口，2007（2）：96-102.

［32］ 孙志林，孙志锋. 粗化层试验与预报［J］. 水力发电学报，2000（4）：40-48.

［33］ 许全喜，张小峰，谈广鸣. 河床冲刷粗化多步预报模式研究［J］. 水科学进展，1999（1）：42-47.

［34］ 尹学良. 河床演变河道整治论文集［C］. 北京：中国建材工业出版社，1996：34-45.

［35］ 毛继新，韩其为. 水库下游河床粗化计算模型［J］. 泥沙研究，2001（1）：57-61.

［36］ 乐培九，程小兵，王艳华，等. 枢纽下游河床冲刷深度和水位降落估算方法［J］. 泥沙研究，2012（3）：57-63.

［37］ 许炯心. 汉江丹江口水库下游河床下伏卵石层对河床调整的影响［J］. 泥沙研究，1999（3）：48-52.

［38］ 周志德. 水库下游河床冲刷下切问题的探讨［J］. 泥沙研究，2003（5）：28-31.

［39］ 王荣新，章厚玉，易志平，等. 丹江口水库坝下游沿程 Z~Q 关系变化分析［J］. 人民长江，2001，32（2）：25-27.

［40］ 谢鉴衡. 河床演变及整治［M］. 武汉：武汉大学出版社，1997.

［41］ 韩其为. 泥沙起动规律及起动流速［J］. 泥沙研究，1982（2）：11-26.

［42］ 韩其为，何明民. 非均匀沙起动机理及起动流速［J］. 长江科学院院报，1996（3）：12-17.

［43］ 韩其为，向熙珑，王玉成. 床沙粗化［C］// 第二次河流泥沙国际学术讨论会论文集. 北京：水利电力出版社，1983：356-367.

［44］ 韩其为，等. 水库淤积（第五册）［R］. 武汉：长办水文局，1982：71-78.

［45］ 韩其为，何明民. 泥沙起动规律及起动流速［M］. 北京：科学出版社，1999.

［46］ S Anders Brandt. Classification of geomorphological effects downstream of dams［J］. Catena，2000（40）：375-401.

［47］ Nicola Surian and Massimo Rinaldi. Morphological response to river engineering and management in alluvial channels in Italy［J］. Geomorphology，2003（50）：307-326.

［48］ 许炯心. 水库下游河道复杂响应的试验研究［J］. 泥沙研究，1986（4）：50-57.

［49］ G P Williams，M G Wolman. Downstream effects of dams on alluvial rivers［R］. United States Government Printing Office，Washington，1984.

［50］ 王延贵，史红玲，刘茜. 水库拦沙对长江水沙态势变化的影响［J］. 水科学进展，2014，25（4）：467-476.

［51］ 班璇，姜刘志，曾小辉，等. 三峡水库蓄水后长江中游水沙时空变化的定量评估［J］. 水科学进展，2014，25（5）：650-657.

［52］ Dai Shibao，Liu Xixi，Yang Shilun，et al. A preliminary estimate of human and natural contributions to the decline in sediment flux from the Yangtze River to the China Sea［J］. Quaternary International，2008（186）：43-54.

［53］ Dai Zhijun and Liu James T. Impacts of large dams on downstream fluvial sedimentation：an example of the Three Gorges Dam（TGD）on the Changjiang（Yangtze River）［J］. Journal of Hydrology，2013（480）：10-18.

［54］ 许全喜. 三峡工程蓄水运用前后长江中下游干流河道冲淤规律研究［J］. 水力发电学报，2013，

32 (2)：146-154.

[55] 朱玲玲，葛华，李义天，等. 三峡水库蓄水后长江中游分汊河道演变机理及趋势 [J]. 应用基础与工程科学学报，2015，23 (2)：246-258.

[56] 许全喜，袁晶，伍文俊，等. 三峡工程蓄水运用后长江中游河道演变初步研究 [J]. 泥沙研究，2011 (2)：38-46.

[57] 长江科学院. 三峡水库下游宜昌至大通河段冲淤一维数模计算分析（二）[C] // 长江三峡工程泥沙问题研究（第七卷）. 北京：知识产权出版社，2002：258-311.

[58] 中国水利水电科学研究院. 三峡水库下游河道冲淤计算研究 [C] // 长江三峡工程泥沙问题研究（第七卷）. 北京：知识产权出版社，2002：149-210.

[59] 李义天，孙昭华，邓金运. 论三峡水库下游的河床冲淤变化 [J]. 应用基础与工程科学学报，2003，11 (3)：283-295.

[60] 假冬冬，邵学军，张幸农，等. 水沙调节后荆江典型河道横向调整过程的响应——二、三维耦合模型的建立 [J]. 水科学进展，2013，24 (1)：82-87.

[61] Xia Junqiang, Zong Quanli, Zhang Yi, et al. Prediction of recent bank retreat processes at typical sections in the Jingjiang Reach [J]. Science China (Technological Sciences), 2014, 57 (8): 1490-1499.

[62] 夏军强，宗权利，邓姗姗，等. 三峡工程运用后荆江河段平滩河槽形态调整特点 [J]. 浙江大学学报（工学版），2015，49 (2)：238-245.

[63] 熊明，许全喜，袁晶，等. 三峡水库初期运用对长江中下游水文河道情势影响分析 [J]. 水力发电学报，2010，29 (1)：120-125.

[64] 江凌，李义天，孙昭华，等. 三峡工程蓄水后荆江沙质河段河床演变及对航道的影响 [J]. 应用基础与工程科学学报，2010，18 (1)：1-10.

[65] 卢金友，胡向阳. 长江中游宜昌至城陵矶河段河道演变分析 [J]. 长江科学院院报，2005，14 (3)：12-16.

[66] 韩其为，何明民. 三峡水库建成后长江中、下游河道演变的趋势 [J]. 长江科学院院报，2005，14 (1)：12-16.

[67] 陈桂亚，袁晶，许全喜. 三峡工程蓄水运用以来水库排沙效果 [J]. 水科学进展，2012，23 (3)：355-362.

[68] 张俊勇，陈立，吴门伍，等. 水库下游河流再造床过程的时空演替现象——以丹江口建库后汉江中下.

[69] 覃莲超，余明辉，谈广鸣，等. 河弯水动力轴线变化与切滩撇弯关系研究 [J]. 水动力学研究与进展，2009，24 (1)：29-35.

[70] SAAD M B A. Nile River Morphology Changes Due to the Construction of High Aswan Dam in E-gypt [R]. The Planning Sector Ministry of Water Resources and Irrigation, 2002.

[71] Pinter Nicolae, Heine R A. Hydrodynamic and morph dynamic response to river engineering documented by fixed - discharge analysis, Lower Missouri River, USA [J]. Journal of Hydrology, 2005, 302 (1)：70-91.

[72] Williams G P and Wolman M G. Downstream Effects of Dams on Alluvial Rivers [D]. U. S. Geological Survey Professional Paper, 1984：1286, p.38.

[73] 孙昭华，李义天，李明，等. 长江中游宜昌～沙市段河床冲淤与枯水位变化 [J]. 水利水运工程学报，2007 (4)：14-20.

[74] 江凌，李义天，孙昭华，等. 三峡工程蓄水后荆江沙质河段河床演变及对航道的影响 [J]. 应用基础与工程科学学报，2010，18 (1)：1-10.

[75] 陈飞，付中敏，刘怀汉，等. 三峡蓄水初期坝下沙卵石河段航道条件分析 [J]. 水力发电学报，

2012，31（5）：127-132.

[76] 朱玲玲，李义天，孙昭华，等.三峡蓄水后枝江-江口水道演变趋势初步分析［J］.泥沙研究，2009，（2）：8-15.

[77] Chen Zhongyuan，Wang Zhanghua，Finlayson Brian，et al.Implications of flow control by the Three Gorges Dam on sediment and channel dynamics of the Middle Yangtze（Changjiang）River ［J］.China.Geology，2010，38（11）：1043-1046.

[78] 孙昭华，黄颖，曹绮欣，等.三峡近坝段枯水位降幅的时空分异性及成因［J］.应用基础与工程科学学报，2015，23（4）：694-704.

[79] 韩剑桥，孙昭华，李义天，等.三峡水库蓄水后宜昌至城陵矶河段枯水位变化及成因［J］.武汉大学学报（工学版），2011，44（6）：685-690.

[80] 黄悦，姚仕明，卢金友.三峡水库运用对坝下游干流河道水文情势的影响研究［J］.长江科学院院报，2011，28（7）：76-81.

[81] 夏军强，宗权利，邓姗姗，等.三峡工程运用后荆江河段平滩河槽形态调整特点［J］.浙江大学学报（工学版）.2015，49（2）：238-245.

[82] 赖锡军，姜加虎，黄群.三峡工程蓄水对鄱阳湖水情的影响格局及作用机制分析［J］.水力发电学报，2012，31（6）：132-148.

[83] Zhang Q，Li L，Wang Y G，et al.Has the Three-Gorges Dam made the Poyang Lake wetlands wetter and drier？［J］.Geophysical Research Letters 39，2012.L20402，doi：10.1029/2012GL053431.

[84] Ou Chaoming，Li Jingbao，Zhou Yongqiang，et al.Evolution characters of water exchange abilities between Dongting Lake and Yangtze River.Journal of Geographical Sciences，2014，24（4）：731-745.

[85] 陶家元.荆江裁弯工程对荆江和洞庭湖的影响［J］.华中师范大学学报（自然科学版），1989，23（2）：263-267.

[86] 李义天，葛华，孙昭华.葛洲坝下游局部卡口对宜昌枯水位影响的初步分析［J］.应用基础与工程科学学报，2007，15（4）：435-444.

[87] 余文畴.长江中下游河道崩岸机理中的河床边界条件［J］.长江科学院院报，2008，25（1）：8-11.

[88] 朱玲玲，许全喜，戴明龙.荆江三口分流变化及三峡水库蓄水影响［J］.水科学进展，2016，27（6）：822-831.

[89] 邓姗姗，夏军强，李洁，等.河道内水位变化对上荆江河段岸坡稳定性影响分析［J］.水利学报，2015，46（7）：844-852.

[90] 燕然然，蔡晓斌，王学雷，等.三峡工程对下荆江径流变化影响分析［J］.长江流域资源与环境，2014，23（4）：490-495.

[91] 渠庚，郭小虎，朱勇辉，等.三峡工程运用后荆江与洞庭湖关系变化分析［J］.水力发电学报，2012，31（5）：163-172.

[92] 朱玲玲，许全喜，熊明.三峡水库蓄水后下荆江急弯河道凸冲凹淤成因［J］.水科学进展，2017，28（2）：193-202.

[93] 方春明，胡春宏，陈绪坚.三峡水库运用对荆江三口分流及洞庭湖影响［J］.水利学报，2014，45（1）：36-41.

[94] 段光磊，彭严波，肖虎程，等.长江荆江河段典型洲滩演变机理初探［J］.水利水运工程学报，2008（2）：10-15.

[95] 曹文洪，毛继新.三峡水库运用对荆江河道及三口分流影响研究［J］.水利水电技术，2015，46（6）：67-71.

[96] 朱玲玲，陈剑池，等.基于时段控制因子的荆江三口分流变化趋势研究［J］.水力发电学报，2015，3（2）：103-111.

［97］ 朱玲玲，葛华. 三峡水库 175m 蓄水后荆江典型分汊河段演变趋势预测［J］. 泥沙研究，2016
（2）：33－39.

［98］ 汪红英，陈正兵. 三峡工程运用后上荆江典型河段岸坡稳定性分析［J］. 人民长江，2015，46
（23）：6－9.

［99］ Mao Jixin, Geng Xu. Study on the bed material coarsening and limit depth of the river downstream
the Three Gorges Reservoir. ISRS2016，2016.

［100］ 杨云平，张明进，李易天，等. 长江三峡坝下游河道悬沙恢复和床沙补给机制［J］. 地理学报，
2016，71（7）：1241－1254.

［101］ 毛继新，关见朝，等. 三峡水库运用对荆江三口河道影响研究［C］//第九届全国泥沙基本理论
研究学术讨论会论文集. 北京：中国水利水电出版社，2014.

［102］ Lingling Zhu, Hua Ge. Drop of low water level in Yichang－Zhicheng Reach downstream from the
Three Gorges Reservoir since 2003［J］. China. River Flow 2016，2016：196－200.

［103］ 许琳娟，曹文洪，刘春晶. 基于图像处理的泥沙轮廓提取对比分析［J］. 中国水利水电科学研究
院院报，2015，13（1）：28－33.

［104］ 耿旭，毛继新，等. 基于蓄满率的三峡水库蓄水时期研究［J］. 泥沙研究，2016，1：31－36.

［105］ 许琳娟，刘春晶，曹文洪. 非均匀推移质瞬时输沙率试验研究［J］. 水利学报，2016，47（4）：
236－244.

［106］ 赵慧明，方红卫，等. 生物絮凝泥沙运动输移数学模型［J］. 水利学报，2015，46（11）：1290－
1291.

［107］ 许琳娟，刘春晶，曹文洪. 非均匀推移质运动参数提取［J］. 中国水利水电科学研究院院报，
2016，14（2）：138－143.

［108］ 赵慧明，汤立群，等. 生物絮凝泥沙的絮凝结构实验分析［J］. 泥沙研究，2014（6）：12－18.

［109］ Huiming Zhao, Hongwei Fang, et al. The equilibrium adsorption experiment on phosphorus foe
sediment colonized by biofilm［C］. IAHR2015，Netherlands，2015.

［110］ 赵慧明，汤立群，等. 生物膜对水沙环境的影响研究［C］//第十七届中国海洋（岸）工程学术
讨论会论文集. 广西南宁，2015，11：699－703.

［111］ 许琳娟，曹文洪，刘春晶. 非均匀沙运动特性试验［J］. 水科学进展，2016，27（6）.

［112］ HuiMing Zhao, WenHong Cao, LiQun Tang, et al. Impact of biofilm on the sediment properties
and its environmental effects［R］. ISRS，2016.

［113］ Zhang Wei, Yang Yunping, Zhang Mingjin, et al. Mechanisms of suspended sediment restoration
and bed level compensation in downstream reaches of the Three Gorges Projects（TGP）［J］. Jour-
nal of Geographical Sciences，2017，27（4）：463－480.

［114］ 彭玉明，沈健，黄烈敏. 荆江河道治理工程及影响［C］//2016 中国水生态文明城市建设高峰论
坛论文集：67－73.

［115］ 涂洋，曹文洪，刘春晶，等. 表面流场的 PyrLK "角点-质心" 法在复杂流场中的应用［J］. 水
利学报，2017（3）：367－372.

［116］ 许琳娟，曹文洪，刘春晶. 图像处理技术在推移质运动颗粒参数提取中的应用［J］. 长江科学院
院报院报，2016（33）：1－5.

［117］ 乐茂华，韩其为，方春明. 基于固液两相流模型的泥石流流速垂向分布研究［J］. 水利学报，
2016，47（12），59－65.

［118］ 赵慧明，曹文洪，张岳峰，等. 基于 DWSM 的流域水沙调控计算平台的构建与应用［J］. 泥沙
研究，2017，42（5）：7－12.

［119］ 耿旭，毛继新. 三峡水库下游河道冲刷粗化研究［J］. 泥沙研究，2017，42（5）：19－24.

［120］ 元媛，卢金友，张小峰. 基于分形曲面的河道槽蓄量计算精度影响因素研究［J］. 泥沙研究，

2017，42（4）：23 - 29.

[121] 元媛，卢金友，齐孟骥，等. 河道断面分形维数对面积测算误差的影响研究 ［J］. 泥沙研究，
        2017，42（5）：13 - 18.

[122] 黄仁勇，舒彩文. 三峡水库调度运用对出库水沙过程影响研究 ［J］. 应用基础与工程科学学报，
        2019，27（4）：734 - 743.

[123] LU J. ，LIU C. J. ，Guan J. Z. Sand and gravel mining in upstream of Yangtze River and its effects
        on the Three Gorges Reservoir ［C］. World Environmental and Water Resources Congress，2015.

[124] 王大宇，关见朝，方春明，等. 水利枢纽的运用对江湖关系影响的模拟 ［J］. 泥沙研究，2018，
        43（1）：1 - 8.